Harry Schade

Technische Optik

mit 121 Bildern

Friedr. Vieweg + Sohn · Braunschweig

Viewegs Fachbücher der Technik

Verlagsredaktion: *Willy Ebert*

1969

ISBN 978-3-663-00822-4 ISBN 978-3-663-02735-5 (eBook)
DOI 10.1007/978-3-663-02735-5

Best.-Nr. 4048

Vorwort

Thema dieses Buches ist die technische Optik in dem Rahmen, wie sie an Technikerschulen gelehrt wird und zum Verständnis optischer Geräte notwendig ist. Auch der Konstrukteur wird für seine Arbeit manche Anregung finden.

Der erste Abschnitt behandelt die physikalischen Grundlagen der Optik, danach kommt ausführlich die Strahlenoptik zur Sprache. Die zahlreichen, sorgfältig ausgewählten Beispiele zeigen, wie die Formeln der technischen Optik angewandt werden. Einen eigenen kurzen Abschnitt habe ich dem werkstattgerechten Zeichnen optischer Linsen gewidmet, einem bisher oft vernachlässigten Gebiet.

Den Abschluß bildet eine detaillierte Beschreibung der optischen Geräte, wobei die Funktion und die Bestückung dieser Geräte mit Linsen erläutert wird. Wie in der Praxis üblich, werden die angeführten Beispiele mit dem Rechenstab gelöst. Nur wo geringe Brechzahlenunterschiede zu berücksichtigen sind, habe ich auf Logarithmen zurückgegriffen.

Bei der Abfassung des Manuskripts war es stets mein Leitziel, möglichst kurz und verständlich zu schreiben. Deshalb habe ich auch bewußt auf die Entwicklung der Formeln verzichtet.

Braunschweig, im August 1969

H. Schade

Inhalt

I. Physikalische Optik

1. Licht

Elektromagnetische Schwingungen mit Wellenlängen zwischen 0,4 µm und 0,7 µm empfindet das Auge als Licht. Das kurzwellige Licht ist violett; mit zunehmender Wellenlänge folgen blau, grün, gelb, orange und rot. An das sichtbare Violett schließt sich das unsichtbare, aber chemisch sehr wirksame Ultraviolett mit Wellenlängen zwischen 0,02 µm und 0,4 µm an. Die langwellige Seite des sichtbaren Spektrums geht in das unsichtbare Infrarot mit Wellenlängen zwischen 0,7 µm und 400 µm über, das auch als Bereich der Wärmestrahlen bekannt ist.

ultraviolett	0,02 . . . 0,4 µm
sichtbares Licht	0,4 . . . 0,7 µm
infrarot	0,7 . . . 400 µm

Licht wird durch Energieumwandlung in den Atomen erzeugt. Wird einem Atom Energie zugeführt, etwa durch elektrische Spannung oder Wärme, so springen seine Elektronen auf höhere Umlaufbahnen. Sie halten sich da jedoch nicht lange und fallen auf Ihre natürliche Bahn zurück. Dabei wird Energie frei, die in Form von elektromagnetischen Wellen abgegeben wird. Hieraus erklärt sich, daß ein zum Leuchten gebrachtes Gas nur Licht mit den Wellenlängen aussendet, die sich aus seinem atomaren Aufbau ableiten lassen. Das Licht mit anderen Wellenlängen fehlt in seinem Spektrum.

Im Gegensatz zu den Gasen senden glühende Festkörper ein Licht aus, das alle Wellenlängen enthält.

1.1. Weißes Licht

Die Lichtquellen liefern im allgemeinen kein einfarbiges Licht, sondern strahlen mehrere Wellenlängen gleichzeitig ab. Ein solches Mischlicht ist auch weißes Licht. Es kann alle Farben des Spektrums oder eine entsprechende Auswahl von Lichtfarben enthalten. Auch zwei Farben übereinander projiziert (additiv gemischt) können weiß ergeben, sie heißen dann Komplementärfarben. Solche sind z. B. Rot und Grün oder Gelb und Blau.

1.2. Spektren

Wird ein Spalt über ein Dispersionsprisma oder über ein Gitter abgebildet, so entsteht ein Spektrum (Bild I,1). Ist die Lichtquelle ein glühender Gegenstand, etwa die Wendel einer Glühlampe, so entsteht ein kontinuierliches Spektrum. Das in Gasentladungs- oder Lichtbogenlampen erzeugte Licht glühender Gase enthält nicht alle Lichtfarben. Es liefert deshalb Linienspektren, die nur aus Linien verschiedener Farbe bestehen. Das Bild des Linienspektrums ist für die Zusammensetzung des glühenden Gases charakteristisch. Anwendung bei Spektralanalyse.

L Lampe
K Kondensor
S Spalt
P Dispersionsprisma
O Objektiv
B Bildschirm

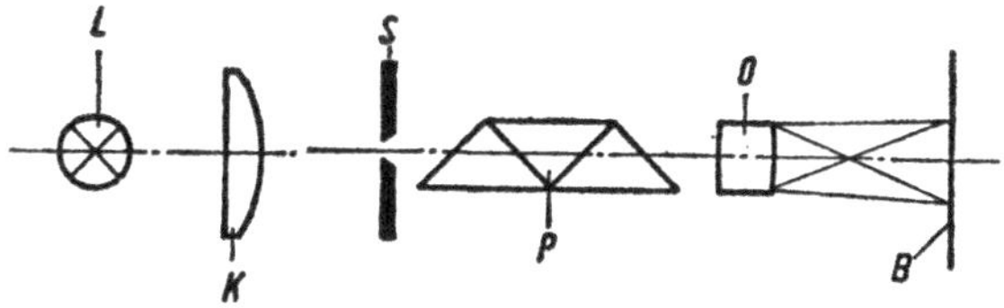

Bild I,1. Prismenspektralapparat

1.3. Fraunhofersche Linien

Führt man das Licht eines glühenden Körpers, das alle Spektralfarben enthält, durch ein Gas, so wird das Licht, das das Gas beim Leuchten aussenden würde, absorbiert. Das restliche Licht liefert jetzt ein durch dunkle Linien unterbrochenes Spektrum. Die dunklen Linien im Sonnenspektrum heißen *Fraunhofersche Linien.* Diese Linien liegen unverrückbar im Spektrum fest, und sie werden wie die Striche eines Maßstabes zur Einteilung des Spektrums verwandt. Tafel I,1 zeigt die in der Optik gebräuchlichen Linien.

Tafel I,1. Spektrallinien

Spektralbereich	Infrarot	Rot			Gelb		Grün	Blau			Violett	Ultraviolett
Zeichen	n_x	A′	C	C′	D	d	e	F	F′	g	h	n_{xx}
Wellenlänge (nm)	1014	768,2	656,3	643,8	589,3	587,6	546,1	486,1	480,0	435,7	404,7	365,0
Element	Hg	K	H	Cd	Na	He	Hg	H	Cd	Hg	Hg	Hg

1.4. Farbtemperatur

Die Zusammensetzung eines Lichtes wird mit dem eines, bei bestimmter Temperatur glühenden Körpers verglichen. Geringe Glühtemperatur, großer Rotanteil — hohe Glühtemperatur, großer Blauanteil. Entsprechend dem Verhältnis, in dem es rotes und blaues Licht enthält, kann jedes Mischlicht einer Farbtemperatur zugeordnet werden. Die Maßeinheit ist Grad Kelvin (°K) oder das *Mired.* $M = 10^6/°K$, z. B. 5000 °K ≙ 200 *M*.

Bekannte Farbtemperaturen:

Glühlampenlicht	$T = 3000$ °K,	5 % violett,	32 % hellgrün,	63 % rot
Sonnenschein	$T = 4800$ °K,	24 % violett,	39 % hellgrün,	37 % rot
Licht des blauen Himmels	$T = 6000$ °K,	35 % violett,	37 % hellgrün,	28 % rot

2. Lichtfilter

Filter sind gefärbte Gläser, Folien oder Flüssigkeiten. Sie absorbieren einige Lichtfarben ganz oder teilweise und lassen andere ungehindert durch. Mit wachsender Dicke nimmt die Durchlässigkeit (Transmission) der Filter entsprechend einer Exponentialfunktion ab.

$$V = D^x \quad \text{oder} \quad \log V = (\log D)\, x \tag{I,1}$$

D Durchlässigkeit des Filters bei der Dicke 1 mm; *x* gewählte oder gesuchte Dicke des Filters in mm; *V* Durchlässigkeit des Filters bei der Dicke *x*. (Die Durchlässigkeiten *D* und *V* geben an, wieviel Licht das Filter durchläßt, wenn die Lichtmenge Eins auftrifft, sie sind also Zahlen unter Eins.)

Ist die Durchlässigkeit *V* vorgeschrieben und wird die Filterdicke *x* gesucht, so ergibt sich

$$x = \frac{\log V}{\log D} \tag{I,2}$$

DIN 1349 behandelt Bezeichnungen und Formelzeichen für Lichtfilter.

Beispiel: Ein Filterglas von 1 mm Dicke ist für Licht mit der Wellenlänge $\lambda = 700$ nm, $D = 0{,}87$ durchlässig. Welche Durchlässigkeit V hat das Glas für diese Wellenlänge, wenn es $x = 3{,}5$ mm dick ist?

Lösung: $\log V = x \log D$

$\log V = 3{,}5\ (0{,}939 - 1)$

$\log V = 3{,}286 - 3{,}5$

$\log V = 0{,}786 - 1$

$V = 0{,}61$

3. Interferenz

Fallen mehrere kohärente (schwingungsgleiche) Lichtwellen zusammen, so beeinflussen sie sich gegenseitig, sie interferieren. Sie verstärken sich, wenn die Amplituden nach der gleichen Seite schwingen, und sie schwächen sich ab, wenn sie entgegengesetzt gerichtet sind (Bild I,2).

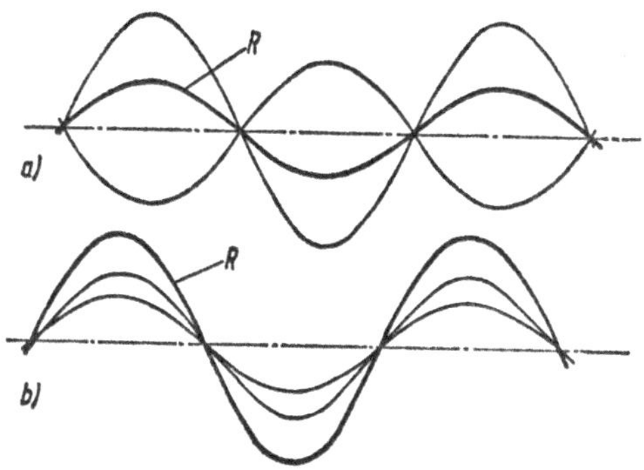

Bild I,2. Lichtinterferenzen
a) Abschwächung, b) Verstärkung
R resultierende Welle

Interferenzen entstehen, wenn ein Wellenzug dem anderen vorauseilt, also eine Phasenverschiebung vorliegt. Gut sichtbar wird die Interferenz bei Spiegelung des Lichtes an dünnen Schichten. Hier entsteht die Phasenverschiebung dadurch, daß ein Teil des Lichtes an der oberen, ein anderer an der unteren Fläche der dünnen Schicht reflektiert wird. Ist der Abstand der spiegelnden Flächen keilförmig und wird einfarbig (monochromatisch) beleuchtet, so zeigen sich helle und dunkle Interferenzstreifen. Bei weißem Licht entstehen mehrfarbige Streifen, weil sich die einzelnen Lichtfarben wegen der unterschiedlichen Wellenlängen nicht an der gleichen Stelle verstärken oder abschwächen. Bei gekrümmten Flächen zeigen sich Interferenzringe, die als „Newtonsche Ringe" bekannt sind. Interferenzfarben dünner Blättchen finden sich bei dünnen Ölschichten auf Wasser, Anlaßfarben von Stahl, in Glas gerahmten Filmen und an Vergütungsschichten auf Objektivlinsen. In der Natur kommen Interferenzfarben z. B. an den Flügeln von Insekten vor.

Die Technik benutzt Lichtinterferenzen für feine Messungen. Bekannt ist die Prüfung blanker Flächen mit dem Probeglas, wobei Abweichungen der Flächenform durch Newtonsche Ringe angezeigt werden. Form und Abstand der Interferenzstreifen zeigen an, wie genau die Prüflingsfläche mit der des Probeglases übereinstimmt. Zwischen zwei benachbarten Interferenzstreifen ändert sich der Abstand von Probeglas- und Prüflingsfläche um $\lambda/2$ der Wellenlänge des verwendeten Lichtes.

4. Beugung

Treffen Lichtwellen auf enge Öffnungen, so bilden sich neue Kugelwellenfronten, die wie kohärente Lichtquellen wirken. Liegen solche Öffnungen nahe beieinander, so werden die neu entstandenen Kugelwellen miteinander interferieren und Helligkeitsmaxima und -minima bilden (Bild I,3).

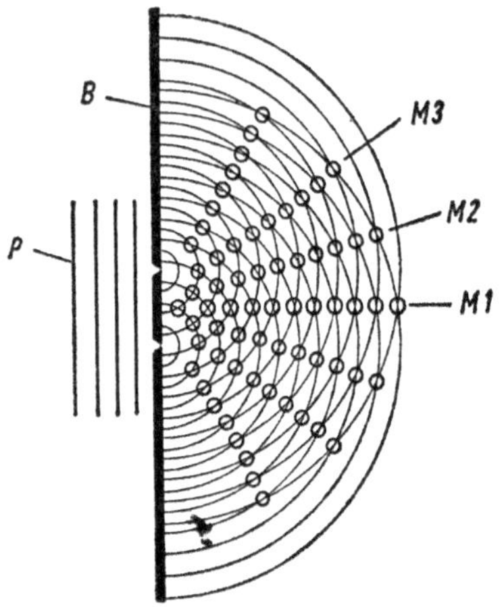

Bild I,3. Lichtbeugung am Doppelspalt
P Planwellen; *B* Blende mit Doppelspalt; *M* Maximum 1., 2. und 3. Ordnung

Die Interferenzen wiederholen sich, so daß man von Maxima erster, zweiter usw. Ordnung spricht. Die Winkel, unter denen Helligkeit oder Dunkelheit zu erwarten ist, errechnen sich zu

$$\sin \sigma = \frac{k\lambda}{2b} \qquad (I,3)$$

k Anzahl der halben Wellen, um die der eine Strahl dem anderen vorauseilt, also eine ganze Zahl; λ Wellenlänge des verwendeten Lichtes in mm; *b* Spaltabstand in mm: Gerade Zahlen *k* geben Helligkeit, ungerade Dunkelheit.

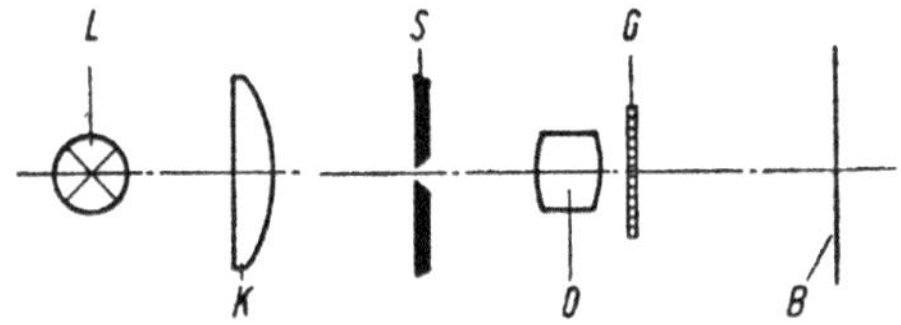

Bild I,4. Gitterspektralapparat
L Lampe; *K* Kondensor; *S* Spalt; *O* Objektiv; *G* Gitter; *B* Bildschirm

Gitterspektren entstehen, wenn man einen beleuchteten Spalt mit einer Linse auf dem Bildschirm abbildet und dabei ein Gitter in den Strahlengang einschaltet (Bild I,4). Wird mit weißem Licht beleuchtet, so entsteht ein Spektrum, wobei das rote Licht mit der großen Wellenlänge stark, das blaue wenig abgelenkt wird. Beugungsspektren sind für Messungen besonders geeignet, weil in ihnen das Licht proportional seiner Wellenlänge aufgeteilt ist. Die zur Erzeugung von Beugungsspektren nötigen Gitter sind Glasplatten oder Spiegel, deren Oberflächen im Abstand von etwa 2 µm, von feinen, regelmäßigen Linien unterbrochen sind.

Ebenso wie an Spalten wird das Licht an Blenden und Fassungsrändern gebeugt. Es entstehen Kugelwellen, die in den Schattenraum eindringen oder das Gesichtsfeld überlagern. Die entstehenden Wellen sind zwar lichtschwach und zeigen bei großen Blendendurchmessern keine Wirkung, weil der durchgelassene Lichtanteil viel größer ist. Bei Blenden unter 3 mm Durchmesser sind jedoch schon Störungen zu erwarten.

Wie *Ernst Abbe* nachgewiesen hat, bewirkt die Beugung auch die Abbildung in optischen Geräten.

5. Polarisiertes Licht

Licht schwingt quer zu seiner Strahlungsrichtung als transversale Welle nach allen Seiten. Die unendlich vielen Erregerstellen innerhalb einer Lichtquelle haben keine Veranlassung in der gleichen Richtung schwingendes Licht abzustrahlen. Es kann jedoch so gefiltert werden, daß nur eine Schwingungsrichtung verbleibt. Das in einer Richtung schwingende Licht heißt linear polarisiert. Der Schwingungszustand wird an einem durchschnittenen Lichtstrahl gezeigt, den es in dieser Form selbstverständlich nicht gibt (Bild I,5).

Daneben gibt es zirkular und elliptisch polarisiertes Licht, bei dem die Polarisationsrichtung umlaufend ist, so daß sie sich auf einer wendelförmigen Bahn vorwärts bewegt. Elliptisch polarisiertes Licht ändert dabei periodisch seine Schwingungsstärke.

Polarisiertes Licht wird aus natürlichem Licht durch Polarisatoren ausgefiltert. Solche Polarisatoren sind Kalkspatprismen. Kalkspat ist für Licht doppelbrechend und teilt einen Lichtstrahl in zwei senkrecht zueinander schwingende Strahlen auf, die er verschieden stark ablenkt. Der eine Teilstrahl wird als ordentlicher, der andere als außerordentlicher Strahl bezeichnet. Bei der Konstruktion des Kalkspat-Polarisationsprismas nach Nicol wird der außerordentliche Strahl durchgelassen und der ordentliche durch Totalreflexion abgespiegelt (Bild I,6).

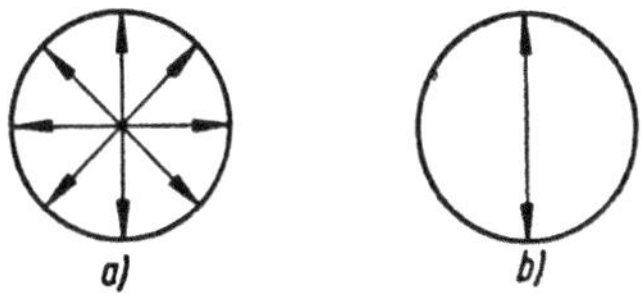

Bild I,5. Schwingung des Lichtes (schematisch)
a) natürliches Licht, b) linear polarisiertes Licht

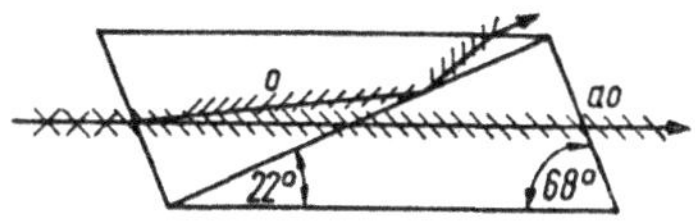

Bild I,6. Nicolsches Polarisationsprisma
o ordentlicher Strahl, *ao* außerordentlicher Strahl

Für technische Zwecke werden meist zwischen Glasscheiben gekittete polarisierende Folien verwendet. Diese Folien sind Einkristalle organischer Salze oder gefärbte und gespannte Kunststoffolien. Auch die Spiegelung an den Oberflächen von Glasscheiben wirkt polarisierend. Nach *Brewester* ist die Wirkung am stärksten, wenn dabei der gebrochene und der gespiegelte Strahl einen rechten Winkel einschließen. Für den Einfallwinkel ε_p gilt dann $\tan \varepsilon_p = n$ (n = Brechzahl des Glases). Nicht polarisierend wirkt die Spiegelung an Metallen.

Schaltet man zwei Polarisationsfilter hintereinander, so daß sich ihre Polarisationsrichtungen senkrecht kreuzen, so lassen sie kein Licht durch. Die sonst durchsichtigen Filter erscheinen schwarz. Verspannte, durchsichtige Stoffe, Kunststoffolien sowie Lösungen, z. B. Zuckerlösungen, drehen polarisiertes Licht aus seiner Polarisationsebene. Bringt man solche Stoffe zwischen gekreuzte Polarisatoren, so wird das Gesichtsfeld aufgehellt, kann aber durch Verdrehen eines der beiden Polarisatoren wieder verdunkelt werden. Drehrichtung und Drehwinkel sind Materialkonstanten des zwischengeschalteten Stoffes. Sie sind außerdem von der Schichtdicke und bei Lösungen von der Konzentration abhängig. Hiermit wird z. B. die Konzentration von Zuckerlösungen recht genau gemessen.

Weitere Anwendungsgebiete sind: Prüfen des Spannungszustandes in Gläsern und durchsichtigen Kunststoffen, Unterdrücken von Reflexen beim Photographieren, mikroskopische Betrachtung kristalliner Präparate, Bildtrennung bei der Stereoprojektion.

6. Lumineszenz

Der Sammelbegriff für alles Leuchten, das nicht von Temperaturstrahlern kommt, ist Lumineszenz. Sie wird in zwei Unterbegriffe, Fluoreszenz und Phosphoreszenz, aufgeteilt. Leuchtet ein Stoff nur auf, wenn er angeregt wird, und erlischt danach sofort, so fluoresziert er. Leuchtet er jedoch nach der Erregung weiter, so phosphoresziert er. Die Grenze liegt bei 10^{-8} s.

Durch Strahlung angeregte Stoffe leuchten stets mit einem Licht längerer Wellenlänge, als die Erregerstrahlen haben (Stokessche Regel). Man kann also einen Leuchtstoff mit UV-Licht anregen, und er wird im sichtbaren Bereich aufleuchten. Bei Leuchtstoffröhren beleuchten die kurzwelligen, kaum sichtbaren Strahlen der Entladungsröhre den an der Wandung aufgetragenen Leuchtstoff, der daraufhin sichtbares Licht abstrahlt. Die Leuchtstoffe in den Röhren wirken meist fluoreszierend. Um aber den Spannungswechsel des Wechselstroms zu überbrücken, enthalten sie auch phosphoreszierende Bestandteile, sonst würden die Lampen flackern, wie das die ersten Leuchtstoffröhren auch taten.

Wirksame Leuchtstoffe sind Zinksulfit und Zinkkadmiumsulfit, denen kleine Mengen Schwermetallsalze zugesetzt sind. Für Leuchtmarken auf Uhren usw. werden den Leuchtstoffen schwach radioaktive Substanzen, wie Radiothorsalze, zugesetzt. Sie regen sich dadurch selbst zum Leuchten an. Lebende Organismen leuchten durch Oxydation eines Stoffes, den man Luziferin nennt.

7. Photometrie

Die Photometrie dient der Messung und Berechnung von Helligkeiten und Lichtströmen.

7.1. Photometrische Größen

Die Grundgröße, auf die sich alle anderen Größen der Lichttechnik beziehen ist die *Candela*. Sie ist wie folgt definiert: $^1/_{60}$ cm² eines schwarzen Körpers mit der Temperatur erstarrenden Platins (1710 °C) leuchtet mit der *Lichtstärke* eine *Candela*. Die Lichtquelle mit 1 Candela Lichtstärke läßt einen sich kugelförmig ausbreitenden *Lichtstrom* von 12,5 *Lumen* fließen. Ein Punkt (kleiner Fleck), der ein Meter von dieser Lichtquelle entfernt ist, wird mit der *Beleuchtungsstärke* ein *Lux* beleuchtet. Hat die Lichtquelle eine leuchtende Fläche von 1 cm² und hat sie dabei ein Candela Lichtstärke, so ist ihre *Leuchtdichte* ein *Stilb*, d. h. Leuchtdichte ist Lichtstärke durch Leuchtfläche in cm².

Tafel I,2. Lichttechnische Größen

Bezeichnung der Größe	Zeichen	Einheit	Zeichen
Lichtstärke	I	Candela	cd
Lichtstrom	Φ	Lumen	lm
Beleuchtungsstärke	E	Lux	lx
Leuchtdichte	B	Stilb	sb
Lichtmenge	Q	Candelastunde	cdh
Lichtausbeute	η	Lumen/Watt	lm/W

7.2. Beleuchtungsformeln

Die Beleuchtungsstärke E nimmt mit dem Quadrat der Entfernung von der Lichtquelle ab (Bild I,7). Daraus ergibt sich die Punktbeleuchtungsgleichung

$$E = \frac{I}{a^2} \qquad \text{(I,4)}$$

E Beleuchtungsstärke in lx; I Lichtstärke in cd; a Abstand in m.

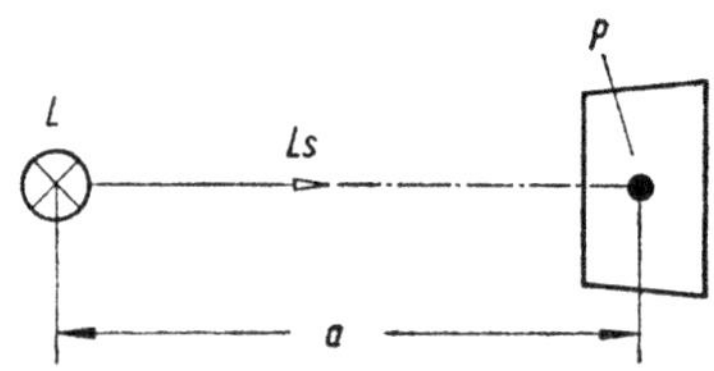

Bild I,7. Punktbeleuchtung
L Lichtquelle, Lichtstärke in cd
Ls Lichtstrom in lm
P beleuchteter Punkt in lx
a Abstand in m

Eine zur Lichtrichtung geneigte Fläche empfängt eine geringere Beleuchtungsstärke, weil der gleiche Lichtstrom eine größere Fläche anstrahlt (Bild I,8).

$$E' = E \cos \varepsilon \qquad (I,5)$$

E Beleuchtungsstärke auf einer senkrecht zum Lichtstrom stehenden Fläche in lx; E' Beleuchtungsstärke auf einer geneigt zum Lichtstrom stehenden Fläche in lx; ε Einfallswinkel des Lichtstroms in °.

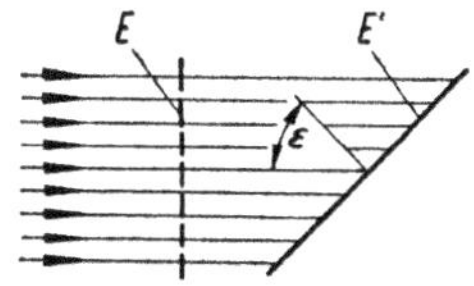

Bild I,8. Schräg beleuchtete Fläche
ε Neigungswinkel der Fläche

Wird eine ausgedehnte ebene Fläche von einer punktförmigen Lichtquelle beleuchtet, so nimmt die Beleuchtungsstärke nach dem Rande zu ab (Bild I,9).

$$E'' = E \cos^4 \frac{\omega}{2} \qquad (I,6)$$

E Beleuchtungsstärke in der Mitte der Fläche in lx; E'' Beleuchtungsstärke am Rande in lx; $\omega/2$ halber Raumwinkel des Strahlenkegels in °.

Lichtmessung nach DIN 5032.

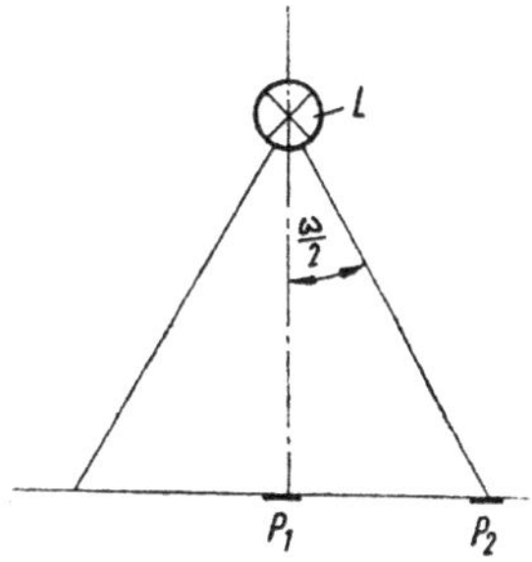

Bild I,9. Beleuchtungsstärke bei Lichtstreuung

L punktförmige Lichtquelle
ω Raumwinkel
P_1 mit E beleuchteter Fleck
P_2 mit E'' beleuchteter Fleck

II. Strahlenoptik

1. Verwendete Formelzeichen

Mathematische Zeichen nach DIN 1302 und Bezeichnungen in der technischen Strahlenoptik nach DIN 1335.

c	Entfernung vom Krümmungsmittelpunkt zum Objektpunkt	mm
d'; e'	Abstand benachbarter Flächenscheitel (Linsendicken, Luftabstände)	mm
h	Durchstoßhöhe eines Strahles über die Achse	mm
r	Krümmungsradius	mm
s	Schnittweite	mm
n	Brechzahl	
D	Brechkraft 1/mm	
Φ	Scheitelbrechwert in dpt oder Lichtstrom in lm	
k	Anzahl der Flächen oder Index für die letzte Fläche	
C	Krümmungsmittelpunkt	
F	Brennpunkt	
H	Hauptpunkt	
K	Knotenpunkt	
O	Objektpunkt	
S	Flächenscheitel	
A	Numerische Apertur	
Γ'	Vergrößerung, z. B. Γ_F' Fernrohrvergrößerung	
β	Abbildungsmaßstab	
ν	Abbesche Zahl	
$\varkappa$	allgemeiner Flächenindex	
α	Prismenwinkel	°
δ	Ablenkung	°
ε	Einfallswinkel	°
σ	Winkel eines Strahles gegen die Achse	°
φ	Zentriwinkel	°

Den Formelzeichen wird die zugehörige Flächenzahl als Index beigefügt.

Beispiel: $s_1, s_2, s_3 \ldots s_k$.

Durch einen Beistrich rechts oben werden die Formelzeichen nach der Brechung oder Spiegelung gekennzeichnet.

Beispiel: Schnittweite vor Brechung an der zweiten Fläche s_2, Schnittweite nach der Brechung an der zweiten Fläche s_2' (Bild II,1).

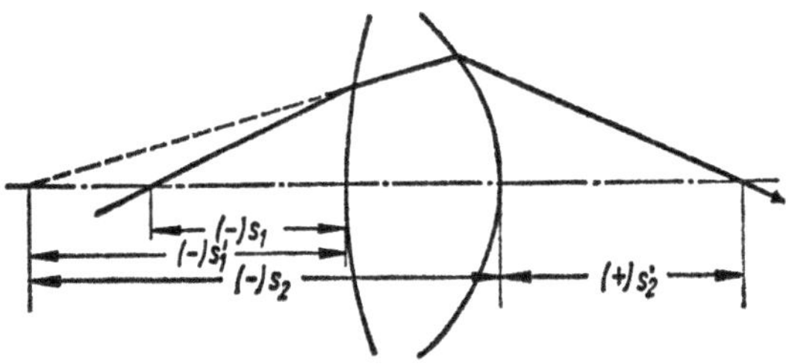

Bild II,1. Erklärung der Zeichen für Schnittweiten und ihrer Vorzeichen
s Schnittweiten vor der Brechung
s' Schnittweiten nach der Brechung

Treten in einer Rechnung gleichzeitig paraxial und außeraxial verlaufende Strahlen auf, so werden die zu den außeraxialen Strahlen gehörenden Größen mit einer geschwungenen Linie ~ (Tilde) gekennzeichnet.

Z. B. Schnittweitendifferenz $(\tilde{s}' - s')$; sprich s' Tilde minus s'.

1.1. Vorzeichenregeln nach DIN 1335

Das Licht wird bei Zeichnungen von links kommend angenommen. Alle in Lichtrichtung gemessenen Strecken haben positive Vorzeichen. Der Nullpunkt liegt im Flächenscheitel, im Hauptpunkt oder im Brennpunkt.

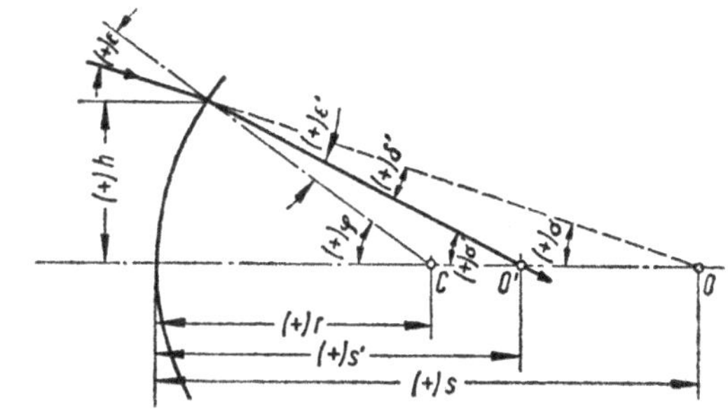

Bild II,2. Erklärung der Zeichen für Winkel und ihrer Vorzeichen
ε, ε' Einfalls- und Brechungswinkel; σ, σ' Achswinkel; δ' Ablenkungswinkel; r Radius; s, s' Schnittweiten; h Einfallshöhe; O, O' Achsschnittpunkte der Lichtstrahlen

Höhen h über der Achse sind positiv, unter der Achse negativ. Einfallwinkel ε und Winkel ε' nach der Brechung oder Spiegelung sind positiv, wenn der Lichtstrahl, im Uhrzeigersinne gedreht, auf dem kürzesten Weg ins Einfallot gelangt. Neigungswinkel σ des Strahles gegen die Achse sind positiv, wenn der Strahl über der Achse mit ihr konvergiert (Bild II,2). Die Winkelfunktionen werden mit dem Vorzeichen ihres Winkels in die Rechnung eingesetzt.

2. Spiegelung

Die Spiegelung kann als Spezialfall der Lichtbrechung mit der Brechzahl $n = -1$ behandelt werden. Dabei werden jedoch die technischen Möglichkeiten der Spiegelung nicht voll aufgezeigt, sie wird deshalb hier als Sondergebiet beschrieben.

2.1. Ebene Spiegel

Der auf einen Spiegel auftreffende Lichtstrahl wird so reflektiert, daß Einfalls- und Reflexionswinkel gleich groß sind, aber entgegengesetzte Vorzeichen haben.

$$\varepsilon' = -\varepsilon \qquad \text{(II,1)}$$

Der Lichtstrahl wird dabei um den Winkel δ' abgelenkt (Bild II,3).

$$\delta' = 180^\circ - 2\,\varepsilon \qquad \text{(II,2)}$$

ε Einfallswinkel in °; ε' Spiegelungswinkel in °; δ' Ablenkungswinkel in °.

Einfallender Strahl, gespiegelter Strahl und das Lot im Einfallspunkt liegen in einer Ebene. Eine Änderung $\Delta\varepsilon$ des Einfallswinkels wirkt sich auf die Ablenkung mit dem doppelten Wert aus.

$$\Delta\delta' = 2\,\Delta\varepsilon \qquad \text{(II,3)}$$

$\Delta\varepsilon$ Winkeländerung am Einfallswinkel in °;
$\Delta\delta'$ Winkeländerung am Ablenkungswinkel in °.

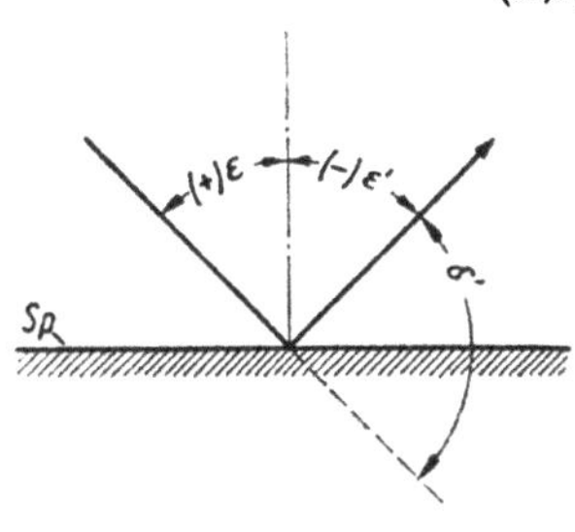

Bild II,3. Spiegelung eines Strahles an einem ebenen Spiegel
ε Einfallswinkel; ε' Spiegelungswinkel; δ' Ablenkungswinkel

2.1.1. Winkelspiegel. Der Winkelspiegel (Bild II,4) lenkt das Licht konstant um einen Winkel ab, der doppelt so groß ist wie der Winkel den die beiden Planspiegel einschließen. Die Ablenkung ist unabhängig vom Einfallswinkel.

$$\delta' = 2\,\alpha \qquad \text{(II,4)}$$

δ' Ablenkungswinkel in °; α Spiegelwinkel in °.

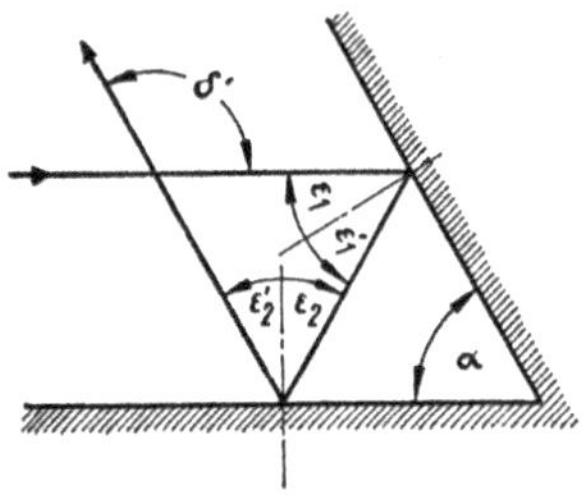

Eine Abweichung des Winkels α wirkt sich auf die Ablenkung mit dem doppelten Wert aus.

$$\Delta\delta' = 2\,\Delta\alpha \qquad \text{(II,5)}$$

Bild II,4. Spiegelung eines Strahles am Winkelspiegel
α Spiegelwinkel; ε, ε' Einfalls- und Spiegelungswinkel; δ' Ablenkungswinkel

2.1.2. Abbildung durch Planspiegel. Der Objektpunkt O wird vom Planspiegel in O' abgebildet (Bild II,5). Das von O ausgehende Licht scheint nach der Spiegelung von O' zu kommen. Der Bildpunkt O' ist virtuell (scheinbar). Er liegt ebenso weit hinter dem Spiegel wie der Objektpunkt davor liegt. Damit kann die Lage des Spiegelbildes gefunden werden, ohne die Lichtstrahlen im einzelnen zu zeichnen (Bild II,6). Der Planspiegel bildet die Symmetrieachse zwischen Gegenstand und Bild. Das Spiegelbild ist seitenverkehrt. Damit der Beobachter das Spiegelbild sehen kann, muß der Spiegel so liegen und so groß sein, daß sein Auge das Spiegelbild über den Spiegel wie durch ein Fenster sieht (Bild II,7).

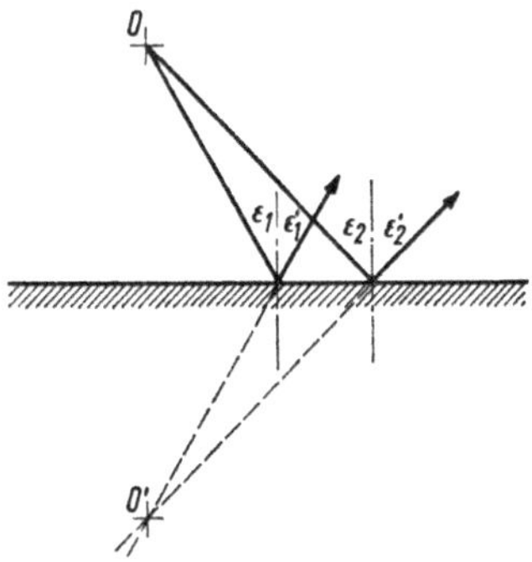

Bild II,5. Abbildung eines Punktes durch einen Planspiegel
O' ist das virtuelle Bild von O

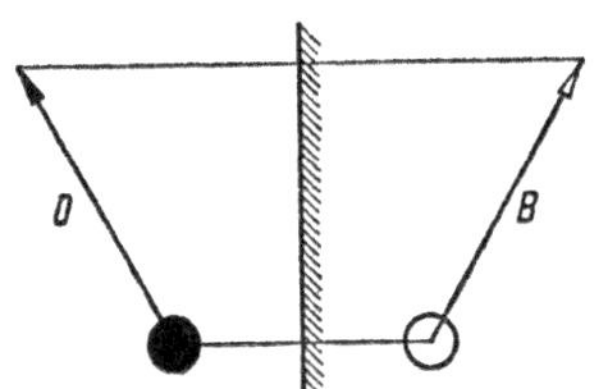

Bild II,6. Konstruktion des Spiegelbildes
O Objekt; *B* Bild

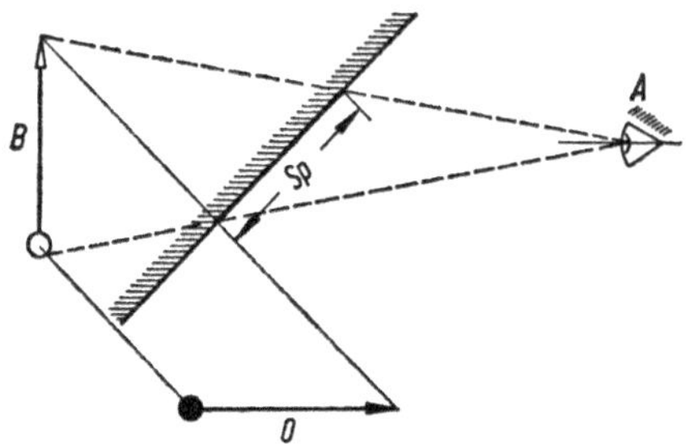

Bild II,7. Bestimmung der Lage und Größe des Spiegels
A Auge; *O* Objekt; *B* Bild; *Sp* benötigtes Spiegelstück

2.2. Kugelspiegel

2.2.1. Berechnung der Ordinaten eines gespiegelten Lichtstrahles. Der Verlauf eines Lichtstrahles nach der Spiegelung wird nach (II,6) errechnet. Als Ordinaten für die Lagebestimmung des Strahles dienen die Winkel σ und σ' sowie die Schnittweiten s und s'. Schnittweiten sind die Strecken zwischen Flächenscheitel (Durchstoßpunkt der Achse durch die Spiegelfläche) und Schnittpunkt des Strahles mit der Achse (Bild II,8).

In Bild II,8 sind σ und s, sowie der Radius r negativ, σ' und s' positiv. Wegen Umkehrung der Lichtrichtung am Spiegel haben s und s' entgegengesetzte Vorzeichen, obgleich sie auf derselben Seite des Spiegels liegen.

$$\sin \varepsilon = \sin \sigma \frac{s - r}{r}$$
$$\varepsilon' = -\varepsilon \qquad \text{(II,6)}$$
$$\sigma' = \varepsilon' - \varepsilon - \sigma$$
$$s' = \frac{r \sin \varepsilon'}{\sin \sigma'} - r$$

s, s' Schnittweiten in mm; r Radius des Kugelspiegels in mm; ε, ε' Eintritts- und Spiegelungswinkel in °; σ, σ' Achswinkel in °.

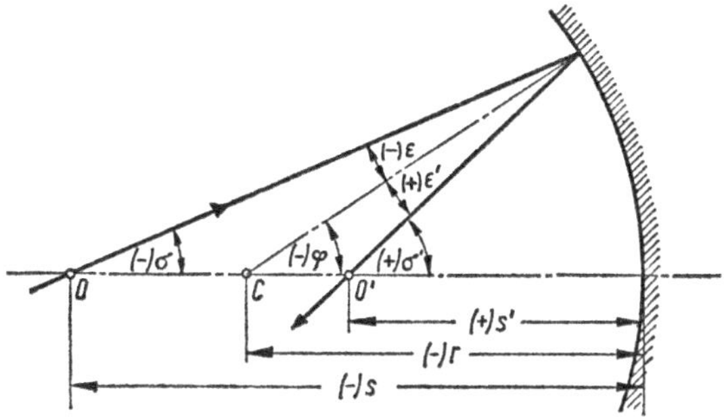

Bild II,8. Spiegelung eines Strahles am Kugel-Hohlspiegel

Beispiel: Ein Lichtstrahl mit den Ordinaten $\sigma = -15°$ und $s = -81$ mm trifft auf einen Hohlspiegel mit dem Radius $r = -34$ mm. Gesucht sind Winkel σ' und Schnittweite s'.

Lösung: Mit (II,6) wird

$$\sin \varepsilon = -0{,}2588 \frac{-81 + 34}{-34} = -0{,}358,$$
$$\varepsilon = -21°, \quad \varepsilon' = +21°.$$
$$\sigma' = 21° + 21° + 15° = 57°.$$
$$s' = \frac{(-34)(+0{,}358)}{+0{,}8387} + 34 = 19{,}5 \text{ mm}.$$

2.2.1.1. *Achsparallele Strahlen.* Für achsparallel einfallendes Licht ist $\sigma = 0$, und der Sinus des Einfallwinkels ε wird aus der Einfallshöhe h und dem Spiegelradius r errechnet (Bild II,9).

Die Schnittweite s' für achsparallel einfallendes Licht ergibt sich zu:

$$\sin \varepsilon = \frac{h}{r}$$
$$\varepsilon' = -\varepsilon \qquad \text{(II,7)}$$
$$s' = \frac{r}{2 \cos \varepsilon'} - r$$

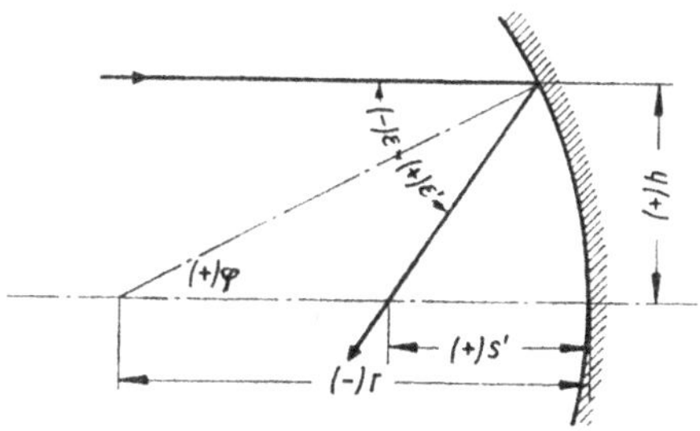

Bild II,9. Spiegelung eines achsparallel eintretenden Strahles

Für die Einfallshöhe Null nimmt die letzte Bedingung in (II,7) den Grenzwert (II,8) an.

$$s_0' = -\frac{r}{2} \qquad \text{(II,8)}$$

Bei Hohlspiegeln, deren Radius im Verhältnis zum Spiegeldurchmesser groß ist, die also verhältnismäßig kleine Einfallshöhen haben, bildet sich im Abstand $r/2$ vom Spiegelscheitel die Sonne mit ihrem hohen Gehalt an Wärmestrahlen ab. Der Punkt wird deshalb *Brennpunkt* genannt und mit F (Fokus) bezeichnet. Die Strecke vom Spiegelscheitel bis zum Brennpunkt ist die *Brennweite* f (Bild II,10).

2.2.2. Sphärische Aberration. Höher einfallende achsparallele Strahlen schneiden sich nach der Spiegelung nicht im Brennpunkt, sondern ihre Achsschnittpunkte liegen näher am Spiegel. Die Abweichung vom Brennpunkt F ist die *sphärische Aberration* (sphärische Abweichung) $\Delta s'$ (Bild II,10):

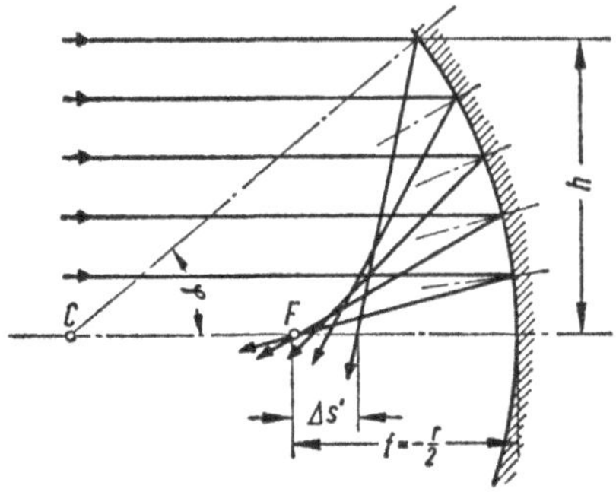

Bild II,10. Sphärische Aberration $\Delta s'$ am Kugel-Hohlspiegel

F Brennpunkt; f Brennweite; h Einfallshöhe; φ halber Öffnungswinkel des Spiegels

$$\Delta s' = \frac{r}{2}\left(1 - \frac{1}{\sqrt{1-(h/r)^2}}\right) \qquad \text{(II,9)}$$

$$\Delta s' = \frac{r}{2}\left(1 - \frac{1}{\cos\varphi}\right) \qquad \text{(II,10)}$$

$\Delta s'$ sphärische Aberration in mm; r Kugelradius in mm; h Einfallshöhe in mm; φ halber Öffnungswinkel des Spiegels in °.

Wenn die Einfallshöhe sehr klein gegenüber dem Spiegelradius ist, etwa bei Teleskopspiegeln $< 1 : 20$, so kann die Näherungsgleichung (II,11) angewendet werden.

$$\Delta s' \approx \frac{h^2}{4r} \qquad \text{(II,11)}$$

Genaue Vereinigung achsparallel einfallender Strahlen im Brennpunkt liefern Spiegel mit parabolischem Querschnitt.

2.2.3. Abbildung durch Kugelspiegel. Mit Kugelhohlspiegeln können reelle (mit Bildschirm auffangbare) und virtuelle (scheinbare, nur visuell sichtbare) Bilder erzeugt werden.

Objekt zwischen ∞ und Brennpunkt gibt reelle Bilder, Objekt zwischen Brennpunkt und Spiegelscheitel gibt virtuelle Bilder. Die Objekte werden nur dann scharf abgebildet, wenn der Spiegeldurchmesser im Verhältnis zum Spiegelradius klein ist, etwa 1 : 12. Bei großer Spiegelöffnung wirkt die sphärische Aberration störend. Die Objekte dürfen nur geringe Ausdehnung haben, weil Bildpunkte außerhalb der Achse durch Astigmatismus unscharf werden.

2.2.3.1. *Bestimmung des Bildortes durch Zeichnung.* Die Bildorte werden mit den Gesetzen für achsnahe Strahlen bestimmt, die keine Abbildungsfehler berücksichtigen. Bei der Darstellung werden jedoch große Achsabstände gezeichnet, und man findet den Ort, wo der Bildpunkt bei fehlerfreier Abbildung entstehen würde.

Der Objektpunkt O (Bilder II,11 und II,12), dessen Bild gezeichnet werden soll, sendet unendlich viele Strahlen aus. Aus der Vielzahl werden zwei Strahlen ausgewählt. Ein Strahl, der achsparallel verläuft, geht nach der Spiegelung durch den Brennpunkt des Spiegels. Der zweite Strahl geht durch den Brennpunkt oder scheint, von dort zu kommen. Er verläßt den Spiegel achsparallel. Wo sich die beiden gespiegelten Strahlen schneiden, ist der Bildpunkt O'.

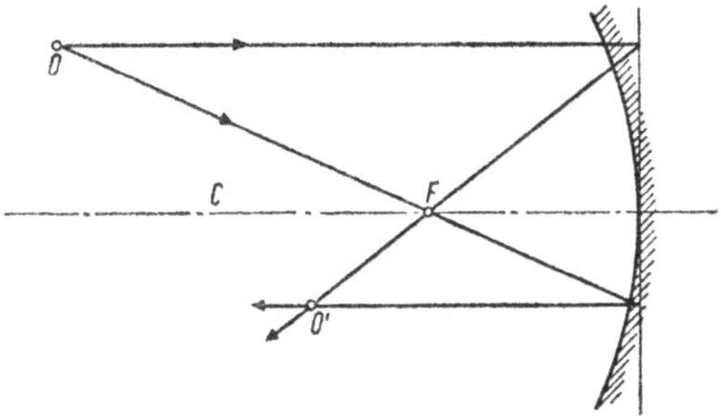

Bild II,11. Konstruktion eines reellen Bildpunktes
O' ist das reelle Bild von O

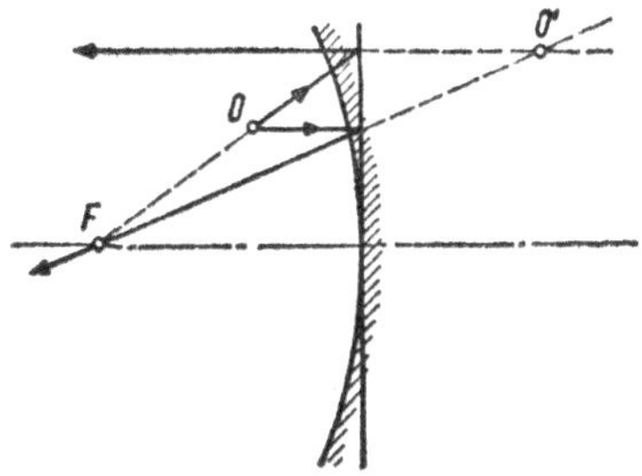

Bild II,12. Konstruktion eines virtuellen Bildpunktes
O' ist das virtuelle Bild von O

2.2.3.2. *Bestimmung der Bildlage und Bildgröße durch Rechnung.* Die Lage von Objekt und Bild auf der Achse wird durch die Schnittweiten s und s' bestimmt. Für achsnahe Strahlen errechnen sich diese Strecken aus:

$$\frac{2}{r} = \frac{1}{s} - \frac{1}{s'} \qquad \text{(II,12)}$$

(II,12) nach s, s' und r aufgelöst:

$$s' = \frac{s\,r}{r - 2\,s} \qquad s = \frac{s'\,r}{r + 2\,s'} \qquad r = \frac{2\,s'\,s}{s' - s} \qquad \text{(II,13)}$$

r Radius des Kugelspiegels in mm; s Schnittweite vor der Spiegelung in mm; s' Schnittweite nach der Spiegelung in mm.

Die Bildgröße y' verhält sich zur Objektgröße y wie die Schnittweite s' zur Schnittweite s. Der Quotient ist die *Vergrößerung* β'.

$$\beta' = \frac{y'}{y} = \frac{s'}{s} \qquad \text{(II,14)}$$

Ergibt die Rechnung eine Vergrößerung β' mit positivem Vorzeichen, so steht das Bild aufrecht. Negatives Vorzeichen bedeutet, daß das Bild abrecht (Höhe und Seite vertauscht) ist.

Beispiel: Im Abstand $s = -50$ mm vor einem Hohlspiegel mit dem Radius $r = -80$ mm steht ein Gegenstand. In welchem Abstand s' vom Spiegel wird er abgebildet? Wie stark wird er vergrößert?

Lösung: $$s' = \frac{s\,r}{r - 2\,s} = \frac{(-50)\,(-80)}{-80 + 100} = +\,200\ \text{mm}.$$

$$\beta' = \frac{s'}{s} = \frac{+\,200\ \text{mm}}{-\;\;50\ \text{mm}} = -\,4.$$

Das reelle Bild entsteht auf der gleichen Seite des Spiegels, auf der sich der Gegenstand befindet. Es ist viermal vergrößert und abrecht.

Beispiel: Im Abstand $s = -200$ mm vor einem Hohlspiegel mit dem Radius $r = -800$ mm steht ein Gegenstand. Wie groß ist der Abstand s' zwischen Spiegel und Bild? Wie stark wird es vergrößert?

Lösung: $$s' = \frac{s\,r}{r - 2s} = \frac{(-200\text{ mm})(-800\text{ mm})}{-800\text{ mm} + 400\text{ mm}} = -400\text{ mm}.$$

$$\beta' = \frac{s'}{s} = \frac{-400\text{ mm}}{-200\text{ mm}} = +2.$$

Das negative Vorzeichen der Schnittweite s' besagt, daß das Bild hinter dem Spiegel liegt, also virtuell ist. Die Vergrößerung ist zweimal, und das Bild steht aufrecht.

2.2.4. Die Technologie der Spiegel. An blanken Flächen, besonders solchen aus Metall, wird Licht gespiegelt. Während Glas nur etwa 5 % des auffallenden Lichtes spiegelt, hat Silber bis zu 95 % und Aluminium 88 % Reflexionsvermögen. Die entsprechend bearbeiteten Gläser dienen deshalb nur als Träger der spiegelnden Metallschichten. Die Schichten werden aus Lösungen ausgefällt oder das Metall wird im Hochvakuum durch Erhitzen verdampft und kondensiert danach auf den im Rezipienten befindlichen Gläsern. Die Schichten sind nur etwa 40 nm dick.

Silber kann mit einem Reduktionsmittel aus Silbernitratlösungen ausgefällt werden. Die Schicht kann aber auch im Hochvakuum aufgedampft werden. Silberschichten sind empfindlich und werden in der Atmosphäre schnell braun. Sie werden deshalb nur als Rückflächenverspiegelung verwandt. Dabei wird die Silberschicht durch eine Kupferschicht und einen Lacküberzug geschützt. Wegen des hohen Reflexionsgrades sind die Silberschichten unentbehrlich, wenn das Licht in einem Prisma mehrfach gespiegelt wird. Auf Oberflächenspiegel ist meist Reinaluminium aufgedampft. Als Schutz gibt man darüber eine Schicht aus Siliciummonoxyd, SiO. Diese Schicht setzt sich an der Luft teilweise in Siliciumdioxyd um, einen Stoff, der mechanisch und chemisch sehr widerstandsfähig ist. Bei einer SiO-Schichtdicke von 0,225 µm erreicht der Aluminiumspiegel sein Reflexionsmaximum mit 88,5 %.

Soll der Spiegel teildurchlässig sein, so wird die Metallschicht so dünn aufgedampft, daß sie durchscheinend ist. Die Durchlässigkeit kann mit der Schichtdicke variiert werden. Dabei wird vom Metallbelag stets ein Teil des Lichtes absorbiert, so daß gespiegelter und durchgelassener Anteil zusammen weniger als 100 % des aufgestrahlten Lichtes ausmachen.

Als teildurchlässige Spiegel praktisch absorptionsfrei, reflektieren hochbrechende Schichten aus Titandioxyd mit $n = 2{,}66$ oder Zinksulfid mit $n = 2{,}4$. Aus den Brechzahlen der aufgedampften Substanzen errechnet sich der reflektierte Anteil nach der *Fresnelschen Reflexionsgleichung:*

$$r = \left(\frac{n-1}{n+1}\right)^2 \tag{II,15}$$

r reflektierter Lichtanteil; n Brechzahl der reflektierenden Schicht.

Zu der Reflexion an der Schichtoberfläche tritt noch die an der Schicht-Glas-Grenze. Letztere kann durch eine niederbrechende Zwischenschicht aus Magnesiumfluorid mit $n = 1{,}35$ angehoben werden. Mit mehreren Doppelschichten MgF und TiO_2 wird die Reflexion weiter angehoben. Werden die Schichten dabei entsprechend dick aufgedampft, so wird das Licht bestimmter Wellenlänge durchgelassen und das anderer Wellenlängen reflektiert. Ein Beispiel dafür ist der Kaltlichtspiegel. Er läßt die Wärmestrahlen durch und reflektiert nur das kürzer wellige sichtbare Licht.

3. Lichtbrechung

Fällt Licht auf ein durchsichtiges Mittel, so tritt es zum größten Teil ein und ändert dabei seine Richtung. Ein geringer Anteil, etwa 5 %, wird reflektiert. Der Anteil kann nach (II,15) errechnet werden.

Beim Eintritt des Lichtes in ein optisch dichteres Mittel wird seine Geschwindigkeit, die im Vakuum 299 790 km/s beträgt, abgebremst. Der Quotient aus Lichtgeschwindigkeit im Vakuum durch Lichtgeschwindigkeit in durchsichtigen Stoffen, z. B. in Glas, ist die *Brechzahl n* des betreffenden Stoffes.

Die Brechzahlen werden den Katalogen der Glaswerke entnommen. Den vielseitigen Anforderungen entsprechend werden etwa 250 Sorten optisches Glas angeboten, die sich in Brechzahl und Farbzerstreuung unterscheiden.

3.1. Das Brechungsgesetz

Der Brechungswinkel ε' (Bild II,13) errechnet sich nach dem Brechungsgesetz:

$$n \sin \varepsilon = n' \sin \varepsilon' \qquad \text{(II,16)}$$

n, n' Brechzahlen; ε Winkel des einfallenden Strahles gegen die Flächennormale; ε' Winkel des gebrochenen Strahles gegen die Flächennormale.

Einfallender Strahl, gebrochener Strahl und Lot im Einfallspunkt liegen in einer Ebene. Für kleine Einfallswinkel (bei Rechnung mit Rechenstab $\leqq 6°$) kann das Brechungsgesetz vereinfacht gebraucht werden:

$$\varepsilon n = \varepsilon' n' \qquad \text{(II,17)}$$

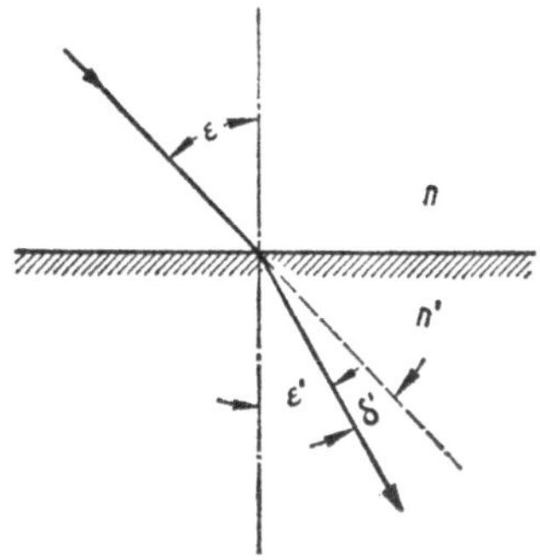

Bild II,13. Lichtbrechung an einer Planfläche

ε, ε' Einfalls- und Brechungswinkel; δ' Ablenkung; n, n' Brechzahlen

Einfallswinkel ε und Ablenkungswinkel δ' stehen nach der Formel von *Mohorovicié* (Zeitschr. Optik 1955, H. 6) in unmittelbarer Beziehung zueinander. Wenn $\delta' = \varepsilon - \varepsilon'$ ist, so errechnet sich ε zu:

$$\tan \varepsilon = \frac{\sin \delta'}{\cos \delta' - \frac{n}{n'}} \qquad \text{(II,18)}$$

3.2. Lichtbrechung an ebenen Flächen

In optischen Systemen, die nur Planflächen enthalten, werden die Strahlengänge durch Berechnung der Brechungswinkel ermittelt. Hierzu wird das Brechungsgesetz nach dem Brechungswinkel ε' aufgelöst, und die Winkel werden nacheinander errechnet, so daß sich schließlich ein letzter Winkel ε_k' ergibt.

3.2.1. Brechung an einer Fläche. Das Brechungsgesetz liefert:

$$\sin \varepsilon' = \frac{\sin \varepsilon \; n}{n'} \qquad \text{(II,19)}$$

Beispiel: Ein Lichtstrahl kommt aus Glas mit der Brechzahl $n = 1{,}5$ und fällt unter dem Einfallswinkel $\varepsilon = 60°$ auf das angrenzende Glas mit $n = 1{,}65$. Gesucht ist der Winkel ε' nach der Brechung.

Lösung: $\sin \varepsilon' = \sin \varepsilon \frac{n}{n'} = 0{,}866 \frac{1{,}5}{1{,}65} = 0{,}788.$

$\varepsilon' = 52°.$

3.2.2. Zeichnerische Ermittlung des gebrochenen Strahles. Das Brechungsgesetz kann auch durch Zeichnung gelöst werden (Bilder II,14 und II,15).

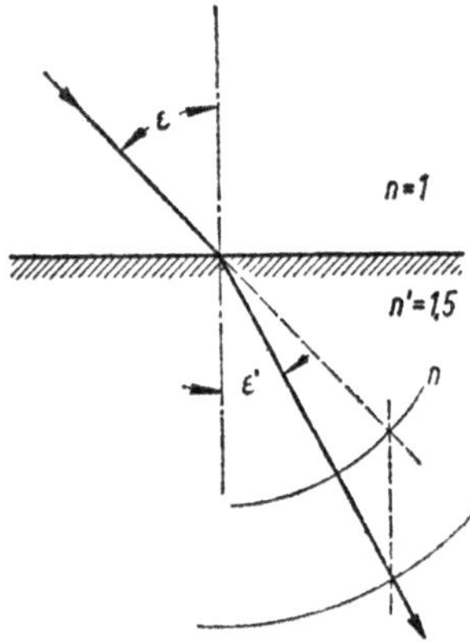

Bild II,14. Graphische Konstruktion des gebrochenen Strahles. Das Licht kommt aus Luft und geht in Glas über.

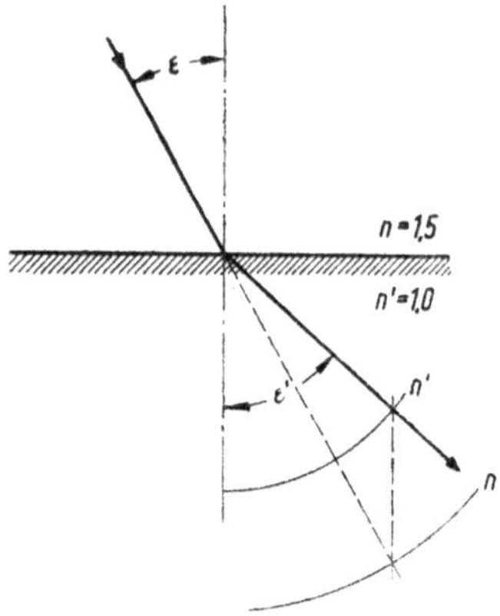

Bild II,15. Graphische Konstruktion des gebrochenen Strahles. Das Licht kommt aus Glas und geht in Luft über.

Mit dem Einfallspunkt als Mittelpunkt werden zwei Kreisbogen gezogen. Der Radius des einen entspricht der Brechzahl n, der des anderen n'. Der einfallende Strahl wird bis zum Kreisbogen n verlängert. Durch den Schnittpunkt wird eine Parallele zum Einfallslot gezogen. Durch den Schnittpunkt dieser Linie mit dem Kreisbogen n' geht der gebrochene Strahl.

3.3. Dispersion (Farbzerstreuung)

Bei der Lichtbrechung wird kurzwelliges Licht stärker abgelenkt als langwelliges. Das gleiche Glas hat also für blaues Licht eine größere Brechzahl als für rotes, wobei der Brechzahlunterschied von der Glassorte abhängt. Im Sprachgebrauch wird sowohl die unterschiedliche Lichtbrechung als auch die Fähigkeit der Gläser, diesen Brechungsunterschied hervorzurufen, als Dispersion bezeichnet. Glas mit geringer Dispersion ist Kronglas, solches mit hoher Dispersion ist Flintglas.

Die Brechzahl n erhält jetzt einen Index, der angibt, welcher Lichtfarbe sie entspricht, z. B. n_C oder n_F. Die Brechzahl n_d für das Licht der gelben Heliumlinie 587,6 nm wird als mittlere Brechzahl bezeichnet. Als Dispersion der Gläser steht in den Glaslisten der Wert $n_F - n_C$ verzeichnet, der für Krongläser um 0,01 und für Flintgläser um 0,02 liegt. Hiervon abweichend, gilt für Photo-Optik n_e als mittlere Brechzahl.

Bei den Rechenansätzen für farbfehlerfreie Systeme steht die Dispersion in Beziehung zu den mittleren Brechzahlen der Gläser. *Ernst Abbe* führte deshalb zur Kennzeichnung der Gläser den Begriff der relativen Dispersion ein.

$$\nu_d = \frac{n_d - 1}{n_F - n_C} \qquad \text{(II,20)}$$

Dieser Wert wird *Abbesche Zahl* genannt und mit ν bezeichnet. Da die Abbesche Zahl in Sonderfällen auch auf eine andere als die mittlere Brechzahl bezogen werden kann, wird sie mit einem Index versehen, im obigen Fall Index d.

Beispiel: In der Glasliste der Firma Schott & Gen. sind für optisches Glas F 2 angegeben: $n_C = 1{,}61504$; $n_d = 1{,}62004$; $n_F = 1{,}63210$.
Wie groß sind Dispersion und Abbesche Zahl?

Lösung: Dispersion $n_F - n_C = 1{,}63210 - 1{,}61504 = 0{,}01706$;

Abbesche Zahl $\nu_d = \dfrac{0{,}62004}{0{,}01706} = 36{,}34.$

Beispiel: Mit fünfstelligen Logarithmen sind die Brechungswinkel ε' für fünf Lichtfarben bei Eintritt des Lichtes in F 2 zu berechnen. Das Licht kommt aus Luft, der Einfallswinkel $\varepsilon = +60°$.

Lösung: Rechnung nach (II,19): $\sin \varepsilon' = \dfrac{\sin \varepsilon\, n}{n'}$, dabei ist $n = 1$, die Brechzahl der Luft.

F 2	$n_{A'}$	n_C	n_d	n_e	n_F
n'	1,60959	1,61504	1,62004	1,62410	1,63210
ε	+ 60°	+ 60°	+ 60°	+ 60°	+ 60°
lg sin ε	9,93753 +	9,93753 +	9,93753 +	9,93753 +	9,93753 +
lg $1/n'$	9,79328 +	9,79182 +	9,79047 +	9,78938 +	9,78725 +
lg sin ε'	9,73081 +	9,72935 +	9,72800 +	9,72691 +	9,72478 +
ε'	+ 32° 33′ 00″	+ 32° 25′ 39″	+ 32° 18′ 51″	+ 32° 13′ 24″	+ 32° 2′ 49″

3.4. Totalreflexion

Tritt Licht von einem optisch dichteren Mittel (d. h. einem Mittel mit höherer Brechzahl) in ein dünneres Mittel über, so wird der Winkel $\varepsilon' > \varepsilon$. Im Grenzfall kann $\varepsilon' = 90°$ werden. Man spricht dann von streifendem Austritt des Lichtes. Wählt man den Einfallswinkel ε nur um weniges größer, so kann das Licht nicht mehr aus der Fläche austreten, sondern wird an ihr reflektiert und unterliegt nun dem Spiegelungsgesetz.

Da bei jeder Lichtbrechung ein kleiner Anteil des Lichtes, hier aber das gesamte auftreffende Licht gespiegelt wird, bezeichnet man den Vorgang als Totalreflexion. Für den Grenzwinkel ε_r der Totalreflexion ist $\varepsilon' = 90°$, also $\sin \varepsilon' = 1$. Das Brechungsgesetz liefert deshalb für den Grenzwinkel ε_r:

$$\sin \varepsilon_r = \frac{n'}{n} \quad \text{oder für Glas-Luft} \quad \sin \varepsilon_r = \frac{1}{n} \tag{II,21}$$

Weil der Grenzwinkel ε_r von der Brechzahl abhängt, ist er für die einzelnen Lichtfarben unterschiedlich. Blaues Licht wird vom gleichen Glas schon bei einem kleineren Eintrittswinkel totalreflektiert als rotes. Für den praktischen Fall, wobei meist das Mischlicht *weiß* totalreflektiert werden soll, berechnet man deshalb den Grenzwinkel ε_r für die rote A′-Linie und weiß dann, daß alles sichtbare Licht gespiegelt wird.

Beispiel: Unter welchem größten positiven Winkel ε_1 darf ein weißer Lichtstrahl auf ein 45°-Prisma aus optischem Glas BK 7 auftreffen, damit noch alles Licht an der Hypotenusenfläche totalreflektiert wird?

Lösung: Aus Bild II,16 kann entnommen werden, daß $\varepsilon_1' = 45° - \varepsilon_r$ ist.
Damit errechnet sich der Einfallswinkel ε_1 nach dem Brechungsgesetz (II,16).

Wie oben beschrieben, wird mit der Brechzahl $n_{A'}$ gerechnet. Für optisches Glas BK 7 ist $n_{A'} = 1{,}51100$.

$\lg n_A'$	0,17926
$\lg \sin \varepsilon_r$	9,82074
ε_r	41° 26′ 20″
$\varepsilon_1' = 45° - \varepsilon_r$	3° 33′ 40″
$\lg \sin \varepsilon_1'$	8,79318
$\lg n$	0,17926
$\lg \sin \varepsilon_1$	8,97244
ε_1	5° 23′ 7″

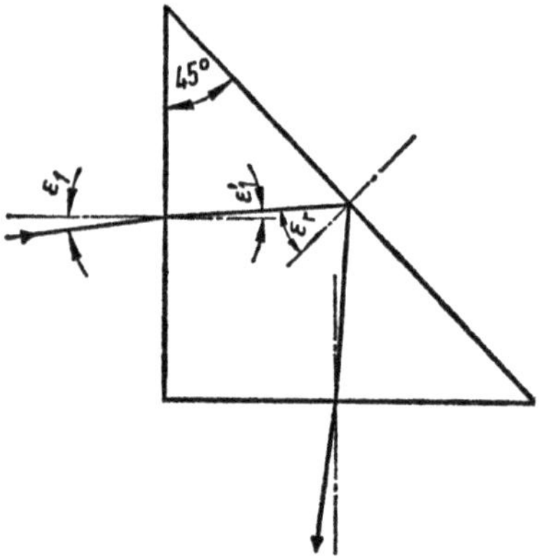

Bild II,16. Größter positiver Einfallswinkel ε_1 bei dem das Licht im Prisma noch totalreflektiert wird

Beispiel: Die *Fasern* eines Lichtleitstabes sind aus Glas mit $n_1 = 1{,}62$ und haben einen Überzug aus Glas mit $n_2 = 1{,}51$ (Bild II,17). Das Licht wird an den Wandungen der Fasern totalreflektiert. Unter welchem maximalen Achswinkel σ' kann das Licht aus den Fasern austreten?

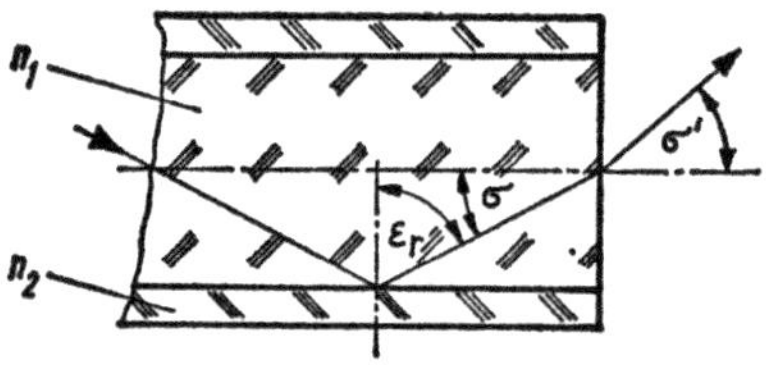

Bild II,17
Glasfaser mit Glasummantlung $n_1 > n_2$

Lösung: Wegen $\sin \varepsilon_r = n_2/n_1$ und $\sigma = 90° - \varepsilon_r$ errechnet sich σ' zu:

$$\sin \sigma' = \sqrt{n_1^2 - n_2^2} \qquad \text{(II,22)}$$

σ' halber Streuwinkel in °; n_1 Brechzahl des inneren Glases; n_2 Brechzahl des Mantelglases.

$$\sin \sigma' = \sqrt{1{,}62^2 - 1{,}51^2} = 0{,}5867$$
$$\sigma' = 35°\,55'.$$

4. Prismen mit reflektierenden Flächen

Bei Richtungsänderungen wird das Licht meist an Prismenflächen gespiegelt. Oft haben diese Prismen totalreflektierende Flächen, einige müssen jedoch mit Rückflächenverspiegelung versehen werden. Interessant sind Konstruktionen, bei denen eine Fläche gleichzeitig Eintritts- und Spiegelungsfläche ist, wie bei den Prismen Bild II,20 und II,21. Zur vollen Umkehrung eines Bildes dienen die Dachkant-Prismen. Die Dachkante entspricht einem Winkelspiegel mit 180° Ablenkung. Sie kann bei fast jeder Prismenform zusätzlich angewandt werden. Die Bilder II,18 bis II,24 zeigen die wichtigsten Prismenformen.

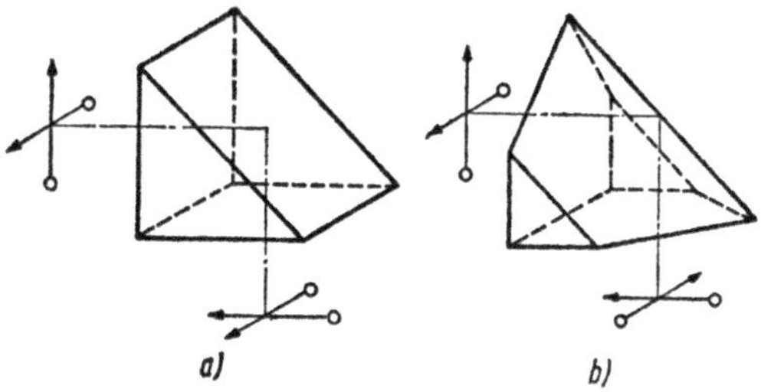

Bild II,18. Pfeilkreuz betrachtet
a) über ein Halbwürfelprisma, höhenverkehrtes Bild
b) über ein Halbwürfelprisma mit Dachkante, höhen- und seitenverkehrtes Bild

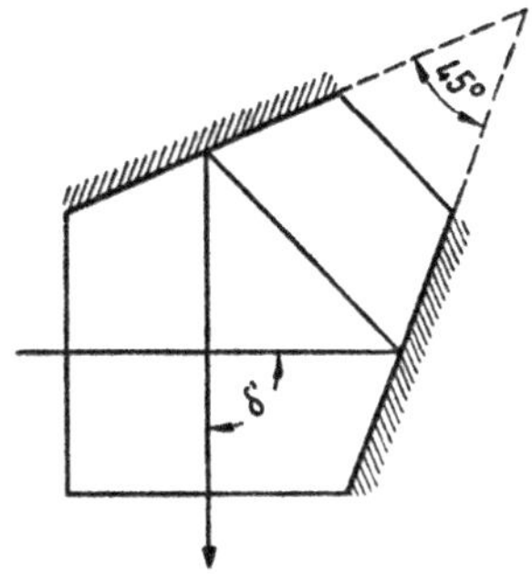

Bild II,19. Pentaprisma, lenkt Licht konstant 90° ab. Reflektierende Seiten sind verspiegelt.

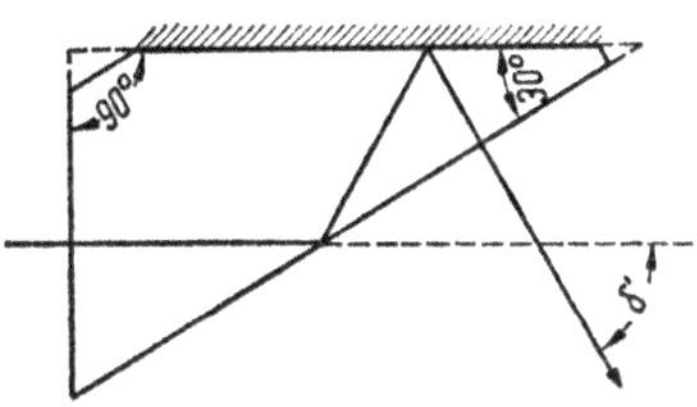

Bild II,20. 30°-Prisma mit 60° konstanter Ablenkung. Die Hypotenuse des Prismas ist gleichzeitig Austrittsfläche und Reflexionsfläche. Eine Kathete ist verspiegelt.

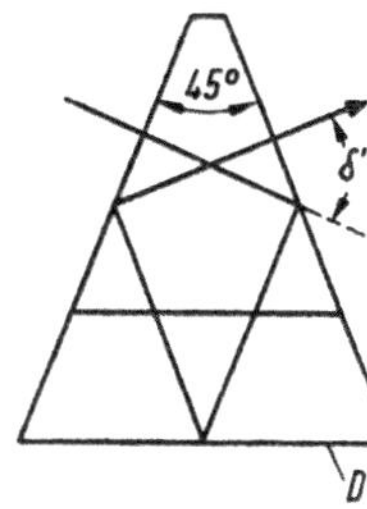

Bild II,21. Schmidtsches Prisma mit Dachkante. Es lenkt das Licht 45° ab und kehrt das Bild um. Die Dachkante *D* ist totalreflektierend, wird jedoch aus fassungstechnischen Gründen verspiegelt.

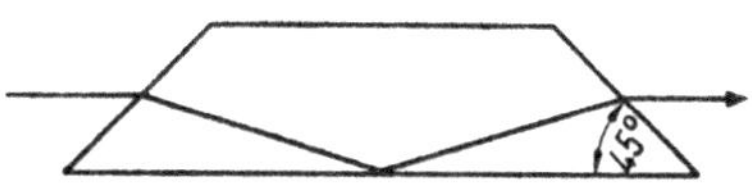

Bild II,22. Umkehrprisma nach *Dove*. Das Prisma kehrt das Bild nur in einer Richtung um.

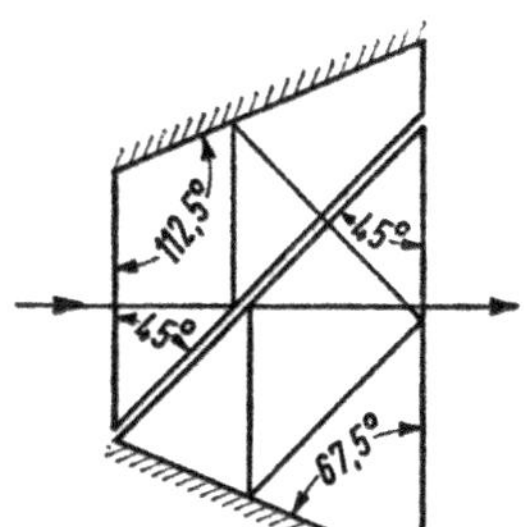

Bild II,23. Prisma nach *Pechan*. Lichtweg ~ 4,5 × Öffnung.

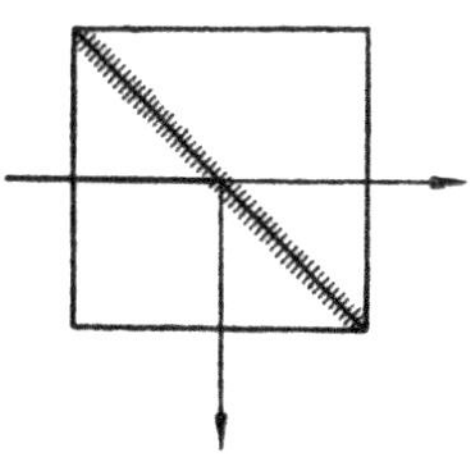

Bild II,24. Strahlenteiler Würfel nach *Abbe*. Der Würfel ist aus zwei Halbwürfelprismen zusammengekittet. Eine Hypotenusenfläche ist teildurchlässig verspiegelt.

5. Die planparallele Platte in Luft

5.1. Die Parallelverschiebung

Durchdringt ein Lichtstrahl eine planparallele Platte, so wird er parallel verschoben (Bild II,25). Die *Verschiebung* v wächst mit steigendem Einfallswinkel ε_1, steigender Plattendicke d und steigender Brechzahl n:

$$v = d \frac{\sin(\varepsilon_1 - \varepsilon_1')}{\cos \varepsilon_1'} \qquad \text{(II,24)}$$

oder

$$v \approx d \frac{n-1}{n} \tan \varepsilon \qquad \text{(II,24)}$$

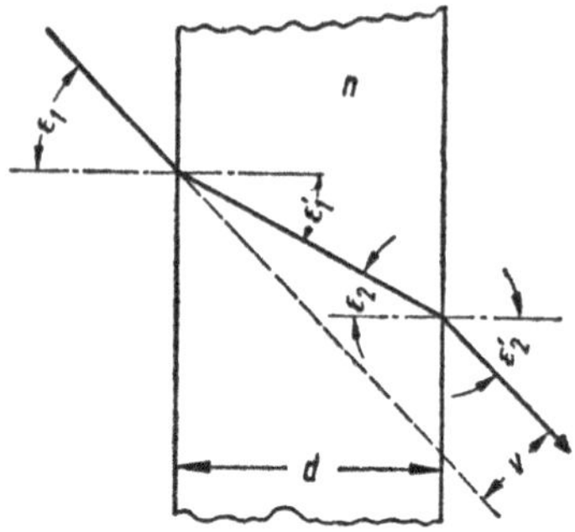

Bild II,25. *Die planparallele Platte* verschiebt den unter dem Winkel ε_1 einfallenden Lichtstrahl um den Betrag v.

5.2. Bildversetzung längs der Achse

Durch eine planparallele Platte betrachtet (Bild II,26), rückt ein Gegenstand dem Auge um die Strecke δ näher. Ebenso wird der Konvergenzpunkt eines Strahlenkegels um δ in Lichtrichtung verschoben. In beiden Fällen verschiebt sich der Bildpunkt in Lichtrichtung.

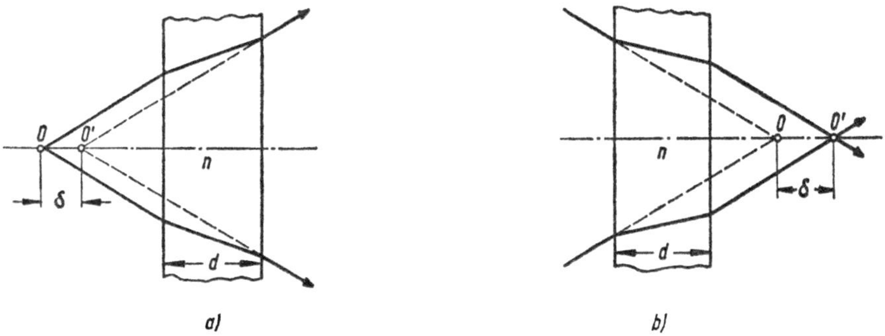

Bild II,26. Bildpunktverschiebung durch die Planparallelplatte

a) Der Objektpunkt O wird von der Planparallelplatte um δ näher gerückt und in O' abgebildet.
b) Der durch konvergierende Strahlen erzeugte Bildpunkt O wird durch die Planparallelplatte um δ abgerückt und in O' abgebildet.

Für achsnahe Strahlen errechnet sich die *Bildversetzung* δ zu:

$$\delta = d \frac{n-1}{n} \qquad \text{(II,25)}$$

Man kann die Bildversetzung längs der Achse auch so auffassen, daß die Platte für den Strahlengang nur die Dicke d_0, die sogenannte *optische Dicke* hat:

$$d_0 = \frac{d}{n} \qquad \text{(II,26)}$$

Schließen die Strahlenkegel mit der optischen Achse größere Winkel ein, so findet man, daß O' für jeden Strahlenwinkel an einem, um kleine Beträge anderen Ort liegt. Die planparallele Platte bzw. die Planfläche hat also für kurze Schnittweiten sphärische Aberration.

Ebenso ist wegen der Dispersion des Glases δ von der Lichtfarbe abhängig.

Wenn $\Delta\delta_{F-C} = \delta_F - \delta_C$ gleich dem Farbfehler von δ ist, so ergibt sich:

$$\Delta\delta_{F-C} = d\,\frac{n_F - n_C}{n_d^2} \tag{II,27}$$

6. Prismen

Ein von zwei ebenen Flächen begrenztes, lichtbrechendes Mittel heißt in der Optik *Prisma.*

Der Winkel, den die beiden Ebenen einschließen, heißt *brechender Winkel.* Eine auf der Prismenkante, in der sich die Ebenen schneiden, senkrechte Fläche heißt Hauptschnitt.

6.1. Graphische Konstruktion des gebrochenen Strahles (Bild II,27)

Der Lichtstrahl wird nach dem, in Abschnitt 3.2.2 angegebenen Verfahren konstruiert. Die Kreise für die Brechzahlen werden nur einmal mit dem Mittelpunkt in der Prismenkante gezeichnet und die Strahlen parallel übertragen.

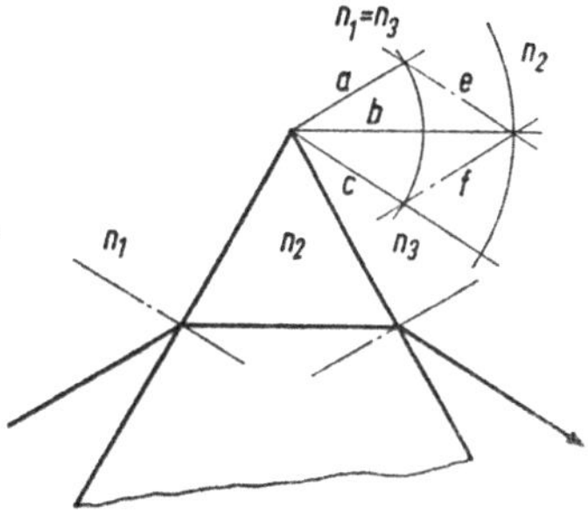

Bild II,27. Graphische Konstruktion eines Strahlenverlaufes im Prisma

a Parallele zum eintretenden Strahl
b Parallele zum Strahl im Glase
c Parallele zum austretenden Strahl
e und f Parallele zu den Lotlinien in den Strahleneinfallspunkten

6.2. Trigonometrische Durchrechnung

Vorzeichen: Für Einfalls- und Brechungswinkel gelten die Bestimmungen im Abschnitt 1.1.

Die brechenden Winkel α werden positiv gerechnet, wenn die Austrittsfläche durch eine Drehung im Uhrzeigersinn auf die Eintrittsfläche zu bewegt wird.

Die Ablenkungswinkel δ' sind positiv, wenn der einfallende, über den Einfallspunkt hinaus verlängerte Strahl, durch eine Drehung im Uhrzeigersinne auf den austretenden Strahl zu bewegt wird.

Die Durchrechnungsformeln ergeben sich nach Bild II,28 zu:

$$\begin{aligned} \sin\varepsilon_1' &= \frac{n_1 \sin\varepsilon_1}{n_1'} \\ \varepsilon_2 &= \varepsilon_1' - \alpha \\ \sin\varepsilon_2' &= \frac{n_2 \sin\varepsilon_2}{n_2'} \\ \delta' &= \varepsilon_1 - \varepsilon_2' - \alpha \end{aligned} \tag{II,28}$$

In (II,28) ist $n_1' = n_2$ und $n_2' = n_3$.

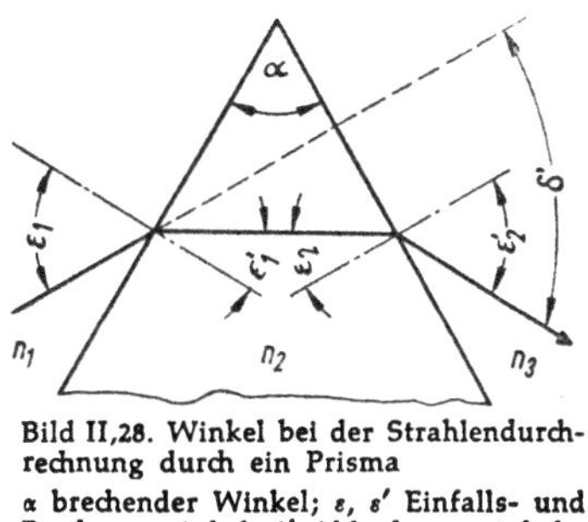

Bild II,28. Winkel bei der Strahlendurchrechnung durch ein Prisma

α brechender Winkel; ε, ε' Einfalls- und Brechungswinkel; δ' Ablenkungswinkel

Für ein Prisma in Luft vereinfachen sich die Formeln. Es wird hierbei wegen $n_1 = n_3 = 1$ nur die Brechzahl n des Glases benötigt.

$$\sin \varepsilon_1' = \frac{\sin \varepsilon_1}{n}$$

$$\varepsilon_2 = \varepsilon_1' - \alpha \qquad \text{(II,29)}$$

$$\sin \varepsilon_2' = n \sin \varepsilon_2$$

$$\delta' = \varepsilon_1 - \varepsilon_2' - \alpha$$

α brechender Winkel des Prismas in °; ε Lichteinfallswinkel in °; ε' Winkel des gebrochenen Strahles in °; δ' Ablenkungswinkel in °; n Brechzahl.

Beispiel: In ein von Luft umgebenes Prisma mit $\alpha = +30°$ aus optischem Glas mit $n = 1{,}60$ treten Lichtstrahlen unter $\varepsilon_1 = +90°$; $\varepsilon_1 = +53{,}1°$; $\varepsilon_1 = +24{,}5°$; $\varepsilon_1 = \pm 0°$ und $\varepsilon_1 = -14°$ ein. Es sind die Winkel ε_2' und die Ablenkung δ' zu errechnen (Rechenschieber).

Lösung:

α	$+30{,}0°$				
n	1,60				
ε_1	$+90{,}0°$	$+53{,}1°$	$+24{,}5°$	$\pm 0{,}0°$	$-14{,}0°$
ε_1'	$+38{,}7°$	$+30{,}0°$	$+15{,}0°$	$\pm 0{,}0°$	$-8{,}7°$
ε_2	$+8{,}7°$	$\pm 0{,}0°$	$-15{,}0°$	$-30{,}0°$	$-38{,}7°$
ε_2'	$+14{,}0°$	$\pm 0{,}0°$	$-24{,}5°$	$-53{,}1°$	$-90{,}0°$
$+\varepsilon_1$	$+90{,}0°$	$+53{,}1°$	$+24{,}5°$	$\pm 0{,}0°$	$-14{,}0°$
$-\varepsilon_2'$	$-14{,}0°$	$\pm 0{,}0°$	$+24{,}5°$	$+53{,}1°$	$+90{,}0°$
$-\alpha$	$-30{,}0°$	$-30{,}0°$	$-30{,}0°$	$-30{,}0°$	$-30{,}0°$
δ'	$+46{,}0°$	$+23{,}1°$	$+19{,}0°$	$+23{,}1°$	$+46{,}0°$

Das Ergebnis der Rechnung zeigt, daß die Ablenkung δ' nicht konstant ist, sondern bei $\varepsilon_1 = -\varepsilon_2'$ ein Minimum hat. Es sind dann $\varepsilon_1' = -\varepsilon_2 = \alpha/2$ und $\sin \varepsilon_1 = \sin \alpha/2 \cdot n$.

6.3. Der Prismenkeil

Prismen mit kleinen brechenden Winkeln werden als Keile bezeichnet (Bild II,29).

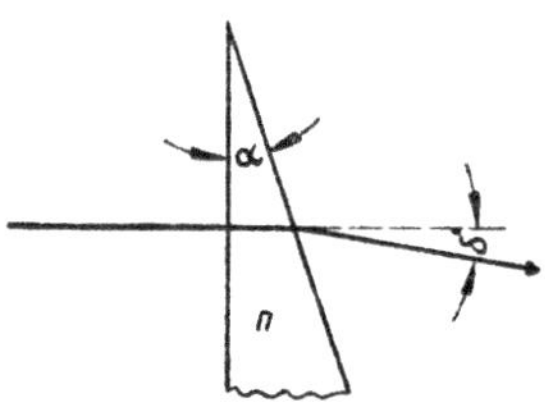

Bild II,29. Ablenkung des Lichtes am Prismenkeil
α brechender Winkel
δ' Ablenkungswinkel

Für die Ablenkung δ' gilt hier die Näherungsformel

$$\delta' = \alpha (n - 1) \qquad \text{(II,30)}$$

Daraus ergibt sich für den Winkel α:

$$\alpha = \frac{\delta'}{n-1} \qquad \text{(II,31)}$$

Der Dispersionswinkel des Keiles ist:

$$\Delta\delta' = \alpha (n_F - n_C) \qquad \text{(II,32)}$$

α brechender Winkel in °; δ' Ablenkungswinkel in °; $\Delta\delta'$ Dispersionswinkel in °; n Brechzahl.

Beispiel: Aus optischem Glas BK 7 ($n = 1{,}516$) soll ein Keil mit $\delta' = 1{,}5°$ Ablenkung erstellt werden. Der brechende Winkel α ist gesucht.

Lösung: $\alpha = \dfrac{\delta'}{n-1} = \dfrac{1{,}5°}{0{,}516} = 2{,}91°$.

6.4. Achromatischer Keil

Bringt man zwei Keile, die aus verschiedenen Glassorten gefertigt wurden und die den gleichen Dispersionswinkel aufweisen, in umgekehrter Richtung zusammen, so kann damit der Farbfehler aufgehoben werden (Bild II,30).

Die Gesamtablenkung ist gleich dem Unterschied der Einzelablenkungen. Die Winkel der beiden Prismenkeile α_1 und α_2 errechnen sich aus der Gesamtablenkung und den Dispersionseigenschaften der Gläser.

$$\alpha_1 = \frac{\delta'}{(n_F - n_C)_1 (\nu_1 - \nu_2)}$$
$$\alpha_2 = -\frac{\delta'}{(n_F - n_C)_2 (\nu_1 - \nu_2)} \qquad \text{(II,33)}$$

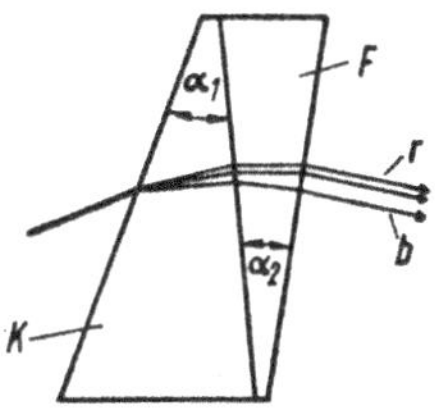

Bild II,30. Strahlenverlauf im achromatischen Prisma. Die roten und blauen Strahlen verlassen das Prisma unter dem gleichen Winkel.
K Kronglas; *F* Flintglas; *r* rotes Licht; *b* blaues Licht

α_1, α_2 Winkel der beiden Prismen in °; δ' Ablenkungswinkel beider Prismen in °; Dispersion der Gläser $(n_F - n_C)$ aus Glaskatalog entnehmen; ν_1, ν_2 Abbesche Zahlen der Gläser aus Glaskatalog entnehmen.

Beispiel: Es soll ein achromatischer Keil errechnet werden, der das Licht $\delta' = 4{,}0°$ ablenkt. Die beiden Teilprismen werden aus Kronglas BK 7 und Flintglas SF 5 von Schott & Gen. erstellt.

Lösung: Dem Glaskatalog von Schott & Gen. werden die optischen Daten der beiden gewählten Gläser entnommen.

BK 7 $n_d = 1{,}5168$; $\nu_d = 64{,}20$; $n_F - n_C = 0{,}00805$.
SF 5 $n_d = 1{,}6727$; $\nu_d = 32{,}23$; $n_F - n_C = 0{,}02087$.

In (II,33) eingesetzt, ergeben diese Werte die Winkel α_1 und α_2 der beiden Prismenkeile:

$$\alpha_1 = \frac{\delta'}{(n_F - n_c)_1 (\nu_1 - \nu_2)} = \frac{4{,}0°}{0{,}00805\,(64{,}20 - 32{,}23)} = +15{,}5°;$$
$$\alpha_2 = -\frac{\delta'}{(n_F - n_c)_2 (\nu_1 - \nu_2)} = -\frac{4{,}0°}{0{,}02087\,(64{,}20 - 32{,}23)} = -6{,}0°.$$

Die errechneten Winkel α_1 und α_2 sind eine erste Annäherung. Eine logarithmisch-trigonometrische Durchrechnung nach (II,28) wird zeigen, daß sowohl die Ablenkung δ' wie auch die Dispersion noch mit etwa 2 Winkelminuten Fehler behaftet sein kann. Diese kleinen Fehler werden durch sinngemäße Änderung der Prismenwinkel korrigiert.

7. Astigmatismus an ebenen Flächen

Die optische Abbildung wird durch konvergierende Strahlenkegel vermittelt, deren Mitte jeweils der *Hauptstrahl* ist. Trifft ein solcher Strahlenkegel unter dem Winkel ε auf eine brechende Fläche, so wird der Hauptstrahl nach dem Brechungsgesetz (II,16) gebrochen. Auf dem gebrochenen Hauptstrahl vereinigen sich die Strahlen des Kegels, wobei die oberen und unteren, die meridionalen Strahlen, sich an einer anderen Stelle vereinigen als die den Kegel seitlich begrenzenden, sagittalen Strahlen. Der Zwischenraum ist mit den Schnittpunkten der nicht so extrem verlaufenden Strahlen ausgefüllt. Dadurch wird ein Punkt von einer Planfläche, als in Richtung des Hauptstrahlers verlaufender Strich abgebildet. Der Abbildungsfehler heißt *Astigmatismus* und die Strecke zwischen den beiden extremen Schnittpunkten *astigmatische Differenz* (Bild II,31).

Bild II,31. Astigmatismus bei Lichtbrechung an einer Planfläche
O Objektpunkt; O_m' und O_s' meridionaler und sagittaler Bildpunkt.
s Eingangsschnittweite; s_m' und s_s' meridionale und sagittale Schnittweite nach der Lichtbrechung.
Strichpunktierte Linie ist der Hauptstrahl.

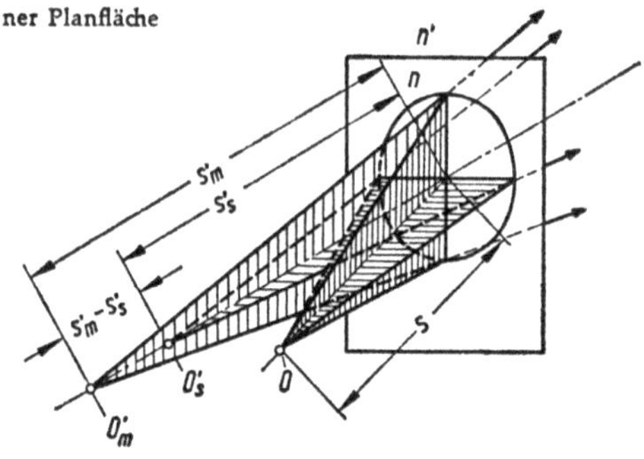

Die astigmatische Differenz für die Brechung an einer ebenen Fläche errechnet sich nach (II,34). Dazu muß zuvor der Winkel ε' für den Hauptstrahl nach (II,16) ermittelt werden.

$$s_m' - s_s' = s \frac{n'}{n}\left(\frac{\cos^2\varepsilon'}{\cos^2\varepsilon} - 1\right) \qquad \text{(II,34)}$$

s_m' auf dem Hauptstrahl gemessene Schnittweite der meridionalen Strahlen in mm; s_s' auf dem Hauptstrahl gemessene Schnittweite der sagittalen Strahlen in mm; $s_m' - s_s'$ astigmatische Differenz in mm; ε und ε' Einfalls- und Brechungswinkel des Hauptstrahles in °.

Bei der Brechung an einer Planfläche ist die astigmatische Differenz recht groß. Sie hebt sich zum Teil wieder auf, wenn das Licht das Glas verläßt. Für eine planparallele Platte errechnet sie sich nach (II,35):

$$s_m' - s_s' = \frac{d'}{\cos\varepsilon'}\left(1 - \frac{\cos^2\varepsilon}{\cos^2\varepsilon'}\right) \qquad \text{(II,35)}$$

d' Dicke der Platte in mm.

Beispiel: Eine planparallele Platte ist $d' = 20$ mm dick, ihre Brechzahl ist $n = 1{,}52$. Sie ist so geneigt, daß der Hauptstrahl eines Strahlenkegels unter 45° auftrifft. Wie groß ist die astigmatische Differenz?

Lösung: Der Winkel des gebrochenen Hauptstrahles wird nach (II,16) zu $\varepsilon' = 27{,}7°$ errechnet. Damit ergibt sich die astigmatische Differenz zu:

$$s_m' - s_s' = \frac{d'}{\cos\varepsilon'}\left(1 - \frac{\cos^2\varepsilon}{\cos^2\varepsilon'}\right) = \frac{20\text{ mm}}{0{,}885}\left(1 - \frac{0{,}500}{0{,}785}\right) = 8{,}2\text{ mm}.$$

Entsprechend (II,35) ist die astigmatische Differenz für planparallele Platten unabhängig vom Objektabstand. Sie kann deshalb für weit entfernte Objekte vernachlässigt werden.

8. Kugelflächen

Für die Lichtbrechung an Kugelflächen gilt das Brechungsgesetz (II,16) wie für ebene Flächen. Hinzu kommen nur die geometrischen Berechnungen, mit denen von den Brechungswinkeln und den Krümmungsradien der Flächen auf die Ordinaten der Strahlen in bezug auf die optische Achse geschlossen wird. Als Strahlenordinaten gelten die Schnittweiten, das sind die Abstände zwischen Flächenscheitel und Strahlenschnittpunkt mit der Achse und die Neigungswinkel σ und σ' der Strahlen gegen die Achse. In Sonderfällen tritt die Einfallshöhe der Strahlen über der Achse hinzu. Die Vorzeichen der Strahlenordinaten sind in Abschnitt II,1.1 erklärt.

8.1. Durchrechnungsformeln

Der einfallende Lichtstrahl ist durch seinen Neigungswinkel gegen die Achse σ und die Schnittweite s festgelegt. Die entsprechenden Ordinaten σ' und s' für den gebrochenen *Strahl* werden errechnet (Bild II,32).

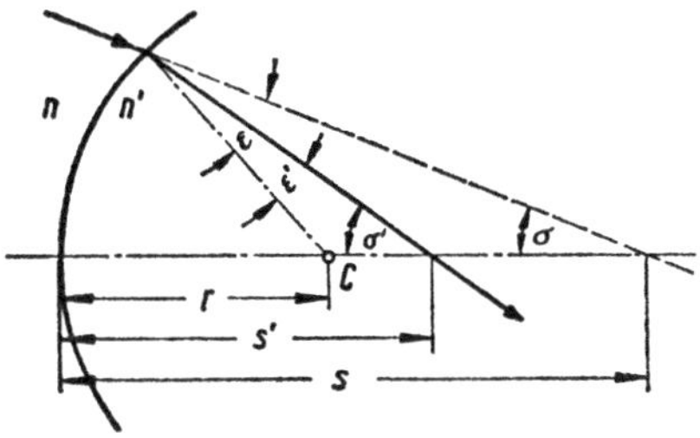

Bild II,32. Lichtbrechung an Kugelfläche
r Radius; s, s' Schnittweiten; n, n' Brechzahlen; ε, ε' Einfalls- und Brechungswinkel; σ, σ' Achswinkel der Strahlen; C Krümmungsmittelpunkt

$$\sin\varepsilon = \frac{s-r}{r}\sin\sigma$$

$$\sin\varepsilon' = \frac{n\sin\varepsilon}{n'} \qquad \text{(II,36)}$$

$$\sigma' = \varepsilon - \varepsilon' + \sigma$$

$$s' = r + r\,\frac{\sin\varepsilon'}{\sin\sigma'}$$

ε, ε' Winkel der Strahlen mit dem Lot in °; σ, σ' Achswinkel der Strahlen in °; s, s' Schnittweiten in mm; r Radius der Kugelfläche in mm; n, n' Brechzahlen.

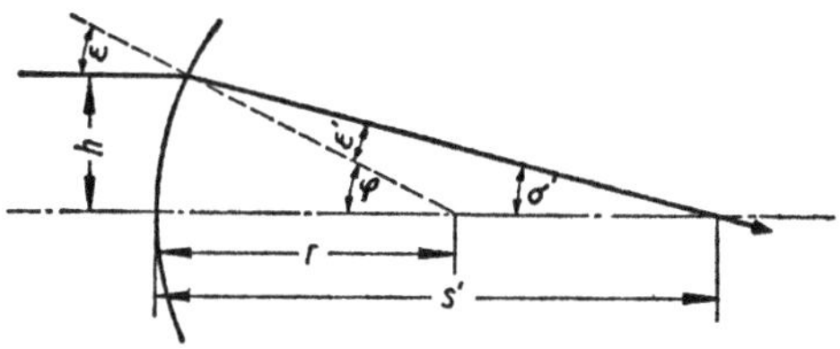

Bild II,33. Achsparallel einfallender Lichtstrahl
h Einfallshöhe über der Achse, s' Schnittweite, ε, ε' Einfalls- und Brechungswinkel, σ' Achswinkel nach der Brechung

1. *Sonderfall:* $s = -\infty$; $\sigma = 0$; das Licht tritt achsparallel ein (Bild II,33). Dann ergibt sich der Einfallswinkel ε zu:

$$\sin\varepsilon = \frac{h}{r} \qquad \text{(II,37)}$$

h Eintrittshöhe über der Achse in mm.

Die Rechnung wird nach (II,36) weitergeführt.

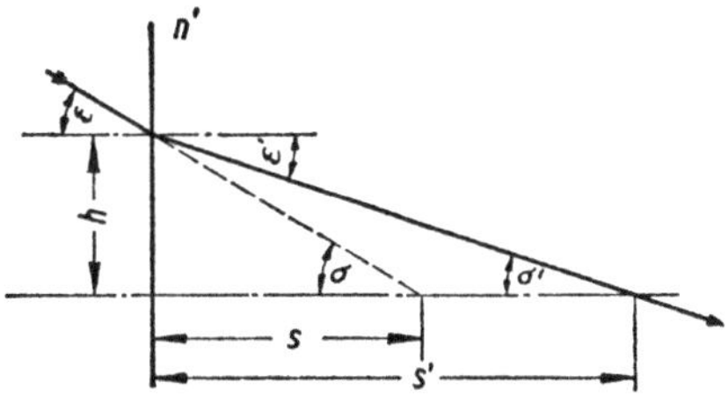

Bild II,34. Lichtbrechung an Planfläche in bezug auf die strichpunktierte Achse

2. *Sonderfall:* Die brechende Fläche ist plan (Bild II,34), ihr Radius also $r = \infty$. Für die Rechnung gelten die Gleichungen (II,38).

$$\sin\sigma' = \frac{n}{n'}\sin\sigma$$

$$s' = s\,\frac{\tan\sigma}{\tan\sigma'} \qquad \text{(II,38)}$$

$$h = s\tan\sigma = s'\tan\sigma'$$

$$\varepsilon = -\sigma \qquad \varepsilon' = -\sigma'$$

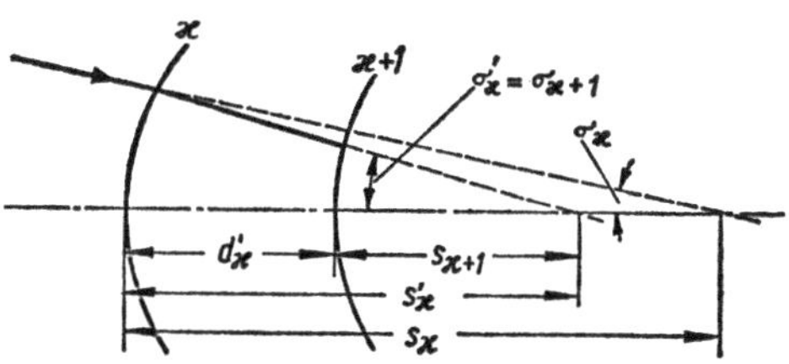

Bild II.35. Übergang des Lichtes von der Fläche $\varkappa$ zur Fläche $\varkappa+1$

Für den Übergang des Lichtstrahles zur nächstfolgenden Fläche (Bild II,35) gilt:

$$s_{\varkappa+1} = s_\varkappa' - d_\varkappa' \qquad \text{(II,39)}$$

$$\sigma_{\varkappa+1} = \sigma_\varkappa'$$

d' Abstand zweier brechender Flächen; $s_\varkappa'$ Schnittweite nach der Brechung an der Fläche $\varkappa$; $s_{\varkappa+1}$ Schnittweite vor der Brechung an der auf $\varkappa$ folgenden Fläche.

Beispiel: Ein Lichtstrahl fällt achsparallel in der Höhe $h = +20$ mm auf eine Sammellinse mit $r_1 = +50$ mm; $r_2 = -70$ mm und $d = 15$ mm. Die Linse ist aus optischem Glas mit $n_d = 1{,}54$. Gesucht sind s_2' und σ_2'.

Lösung: Die Rechnung ist nach (II,36) und (II,39) mit Rechenschieber durchgeführt.

	1. Fläche	2. Fläche
s	$-\infty$	+ 123 mm
r	+ 50 mm	− 70 mm
σ	0°	+ 8,5°
n	1,00	1,54
n'	1,54	1,00
$s - r$ oder h	+ 20 mm	+ 193 mm
d'	15 mm	
$\sin\varepsilon = \sin\sigma\,(s - r)/r$	+ 0,400	− 0,408
$\sin\varepsilon' = \sin\varepsilon\, n/n'$	+ 0,260	− 0,629
ε	+ 23,6°	− 24,0°
$-\varepsilon'$	− 15,1°	+ 38,9°
$+\sigma$	0,0°	+ 8,5°
σ'	+ 8,5°	+ 23,4°
$s' - r = r\sin\varepsilon'/\sin\sigma'$	+ 88,0 mm	+ 111,0 mm
$+r$	+ 50,0 mm	− 70,0 mm
s'	+ 138,0 mm	+ 41,0 mm
$-d'$	− 15,0 mm	
$s_{\varkappa+1}$	+ 123,0	

Beispiel: Ein Lichtstrahl kommt aus Glas mit der Brechzahl $n = 1{,}52$ und trifft auf eine Planfläche, hinter der sich Glas mit $n' = 1{,}68$ befindet. Sein Neigungswinkel gegen die Achse ist $\sigma = +30°$, seine Schnittweite $s = +28$ mm. Gesucht sind Schnittweite s' und Winkel σ_1'.

Lösung: Es wird mit fünfstelligen Logarithmen nach (II,38) gerechnet.

$\lg n$	0,18184 +
$\lg 1/n'$	9,77469 +
$\lg \sin\sigma$	9,69897 +
$\lg \sin\sigma'$	9,65550 +
$+\sigma'$	+ 26° 53′ 45″
$\lg s$	1,44716 +
$\lg \tan\sigma$	9,76144 +
$\lg 1/\tan\sigma'$	0,29479 +
$\lg s'$	1,50339 +
s'	+ 31,87 mm

8.2. Graphische Verfahren

Der gebrochene Strahl kann auch bei Kugelflächen durch Zeichnung gefunden werden.

8.2.1. Konstruktion des gebrochenen Strahles nach Reusch. Die Ausführung der Konstruktion des gebrochenen Strahles nach Reusch (Bild II,36) ist unter II,3.2.2 eingehend erklärt.

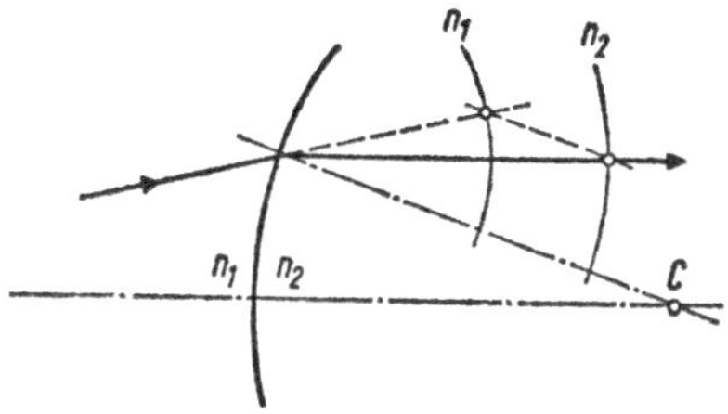

Bild II,36. Graphische Konstruktion des gebrochenen Strahles nach *Reusch*
n_1, n_2 Brechzahlen; C Krümmungsmittelpunkt

8.2.2. Konstruktion nach Weierstraß

Das Verfahren (Bild II,37) bietet Vorteile, wenn mehrere Strahlen durch die gleiche Fläche gezeichnet werden sollen.

Um den Kugelmittelpunkt der Fläche mit dem Radius r werden je ein Kreisbogen mit $R = r\,\frac{n}{n'}$ und $R' = r\,\frac{n'}{n}$ gezogen. Der einfallende Strahl wird bis zum Kreis R' verlängert und der Schnittpunkt 1 mit dem Mittelpunkt C_1 verbunden. Durch den Schnittpunkt 2 der Verbindungslinie mit R geht der gebrochene Strahl. Bei der Ausführung ist zu beachten, daß beim Lichteintritt in eine Linse R' der große Kreis, beim Lichtaustritt R' der kleine Kreis ist.

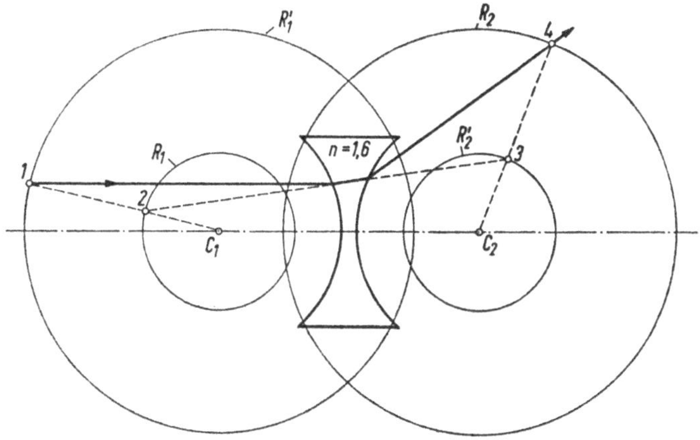

Bild II,37. Konstruktion des gebrochenen Strahles nach *Weierstraß* am Beispiel der Durchdringung einer Zerstreuungslinse.

9. Schnittweiten im achsnahen Gebiet

Im achsnahen Gebiet sind die Höhen der Strahlen über der Achse klein. Die sich dadurch ergebenden kleinen Winkel σ und σ' können durch ihre Bogenmaße ausgedrückt werden. Damit ergeben sich für die Länge der Schnittweiten recht einfache Gleichungen, die aber auf der Achse voll gültig sind.

$$n\left(\frac{1}{r} - \frac{1}{s}\right) = n'\left(\frac{1}{r} - \frac{1}{s'}\right) \qquad \text{(II,40)}$$

n, n' Brechzahlen; s, s' Schnittweiten in mm; r Radius in mm.

Diese Gleichung wird als Nullinvariante bezeichnet. Einige Abwandlungen sind gelegentlich für das Rechnen günstiger:

$$\frac{n'}{s'} - \frac{n}{s} = \frac{n'-n}{r} \quad \text{(II,41)} \qquad \frac{1}{s'} = \frac{n}{n's} + \frac{n'-n}{n'r} \quad \text{(II,42)}$$

$$s' = \frac{r\,s\,n'}{s\,(n'-n) + r\,n} \quad \text{(II,43)}$$

Für den Übergang zur nächsten Fläche gilt wieder (II,39).

Sonderfälle:

Ist die Eingangsschnittweite ∞ groß, so wird in (II,41) und (II,42) das Glied $n/s = 0$.
Bei Abbildung an einer Planfläche ist der Radius $r = \infty$ und das Glied $(n' - n)/r = 0$.

Beispiel: Es soll die Lage eines Bildpunktes auf der Achse nach der Brechung durch eine Linse ermittelt werden. Die Linse steht in Luft. Der Gegenstandspunkt liegt $s_1 = -200$ mm vor der Linse.

Optische Daten der Linse: $r_1 = +40$ mm, $r_2 = -60$ mm, $d' = 15$ mm, $n = 1{,}55$.

Lösung: Rechnung mit Rechenschieber nach (II,39) und (II,41).

$s_1 = -200$ mm	1. Fläche	2. Fläche
r	+ 40	−60
n	1,0	1,55
n'	1,55	1,0
d'	15	—
n/s	− 0,005	+ 0,00953
$(n'-n)/r$	+ 0,01373	+ 0,00917
n'/s'	+ 0,00873	+ 0,01870
$1/s'$	+ 0,00563	+ 0,01870
s'	+ 177,7	+ 53,5 mm
$-d'$	− 15,0	
$s_{\varkappa+1}$	+ 162,7	

Der Objektpunkt wird mit der Schnittweite $s_2' = +53{,}5$ mm hinter der letzten Linsenfläche abgebildet. Das Rechenschema macht die Rechnung übersichtlich.

10. Paraxialer Abbildungsmaßstab

Bei der Abbildung wird der Maßstab als Verhältnis von Bildgröße y' zu Gegenstandsgröße y angegeben. Nach Bild II,38 können diese Größen auch durch die Schnittweiten und Achswinkel ausgedrückt werden, wobei die Winkel nach (II,17) wieder durch die Brechzahlen ersetzt werden können.

$$\beta = \frac{y'}{y} = \frac{s'\sigma'}{s\sigma} = \frac{n}{n'} \cdot \frac{s'}{s}$$

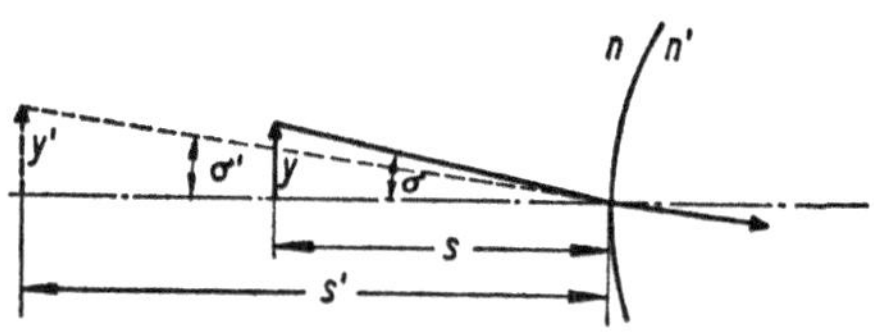

Bild II,38. Abbildungsmaßstab
y, y' Objekt- und Bildgröße
σ, σ' Achswinkel
s, s' Schnittweiten

Dabei ist der Maßstab β positiv, wenn ein aufrechtes Bild entsteht. Ist das Bild höhen- und seitenverkehrt, so ist er negativ.

Bild- und Gegenstandsgrößen verhalten sich also auch wie die zugehörigen Schnittweiten. Der Abbildungsmaßstab β_1 kann deshalb aus dem Quotienten der Schnittweiten ermittelt werden. Der gesamte *Abbildungsmaßstab* β ist das Produkt aller Schnittweitenquotienten.

$$\beta = \frac{y'}{y} = \frac{n_1\, s_1'\, s_2' \ldots s_k'}{n_k'\, s_1\, s_2 \ldots s_k} \tag{II,44}$$

β Abbildungsmaßstab; n_1, n_k' erste und letzte Brechzahl; s, s' Schnittweiten in mm.

Wird die Abbildung als fehlerfrei angenommen, so kann der Abbildungsmaßstab auch für Objekte und Bilder endlicher Größe angewandt werden. Es kann damit z. B. die Gesamtvergrößerung eines optischen Gerätes errechnet werden.

11. Linsen

Bisher wurde die Lichtbrechung an einzelnen Kugelflächen beschrieben. Jetzt soll die Wirkung der Linsen als ganze Bauelemente betrachtet werden.

Optische Linsen sind Körper aus durchsichtigem Material. Sie sind von zwei gewölbten Flächen, meist Kugelflächen, begrenzt. Die Linsen können Sammellinsen, in der Mitte dicker als am Rande, oder Zerstreuungslinsen, in der Mitte dünner als am Rande, sein. Die Linse ist durch die beiden Radien der Kugelflächen, ihre Mittendicke, den Durchmesser und die Glasart oder deren Brechzahl bemaßt. Sie ist zentriert, wenn ihr Rand einen konzentrischen Kreis um die optische Achse bildet. Die optische Achse ist eine gedachte Linie, die durch die beiden Kugelmittelpunkte geht. Linsensysteme sind zentriert, wenn ihre Kugelmittelpunkte auf der optischen Achse liegen.

11.1. Die Kardinalelemente der Linsen

Kardinalelemente sind die Punkte und Strecken, auf denen sich die Gesetzmäßigkeiten der optischen Abbildung durch Linsen aufbaut.

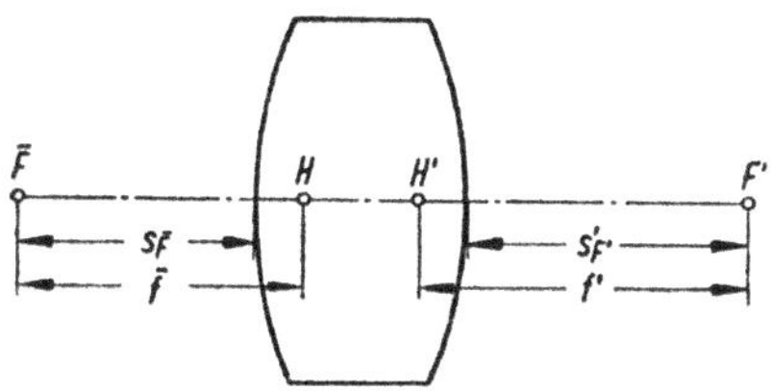

Bild II,39. Kardinalelemente der Linse
$\bar{F}$ vorderer Brennpunkt; F' hinterer Brennpunkt;
H vorderer Hauptpunkt; H' hinterer Hauptpunkt;
$\bar{f}$ vordere Brennweite; f' hintere Brennweite;
$s_{\bar{F}}$ vordere fokale Schnittweite; s_F' hintere fokale Schnittweite

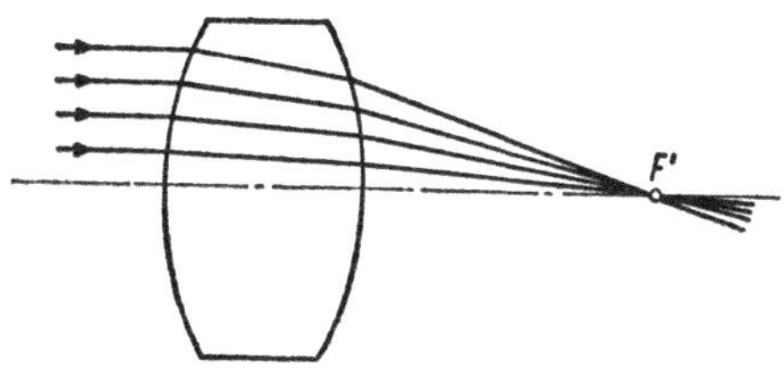

Bild II,40. Entstehung des hinteren Brennpunktes F' bei einer Sammellinse

Die Brennweite der Linse oder eines Linsensystems ist ein Maß für die optische Wirksamkeit. Soll die Linse in ein System eingefügt werden, so muß die Lage ihrer Haupt- und Brennpunkte bekannt sein (Bild II,39).

11.1.1. Brennpunkte. Der Brennpunkt einer Linse oder eines Linsensystems liegt da, wo sie einen unendlich entfernten Achspunkt abbildet. Seine Lage errechnet sich nach (II,39) und (II,40) mit $s_1 = -\infty$. Nimmt man das Licht von links kommend an, so findet man den hinteren Brennpunkt F'. Licht von rechts liefert die Lage des vorderen Brennpunktes $\bar{F}$. Entsprechend der Linsenform können dabei die Schnittweiten $s_{F'}$ und $s_{\bar{F}}$ verschieden groß sein.

Bei gut korrigierten Objektiven bilden sich auch außerhalb der Achse liegende Punkte im gleichen Abstand von der Linse ab, so daß man hier von Brennebenen oder Bildebenen spricht.

Bei Zerstreuungslinsen sind die Brennpunkte virtuell, und F' liegt links und $\bar{F}$ rechts der Linse (Bild II,41).

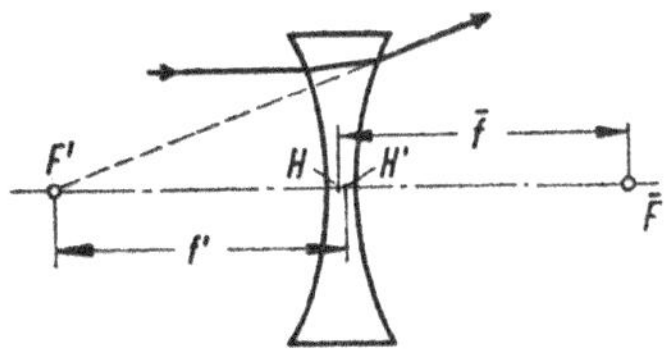

Bild II,41. Brennpunkt F und F' einer Zerstreuungslinse;
H, H' Hauptpunkte; $\bar{f}$, f' Brennweiten

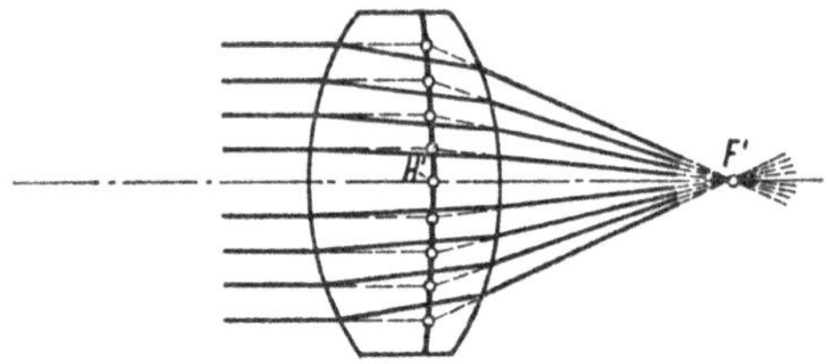

Bild II,42. Konstruktion der hinteren Hauptebene einer bikonvexen Sammellinse
H' Hauptpunkt; F' Brennpunkt

11.1.2. Hauptpunkte, Hauptebenen. Die Hauptpunkte oder Hauptebenen einer Linse oder eines Linsensystems liegen da, wo sich die über den Einfallspunkt hinaus verlängerten, achsparallel eintretenden Strahlen mit den das System verlassenden Strahlen schneiden (Bild II,42). Je nach Form der Linse oder des Systems können die Hauptpunkte sowohl in der Linse als auch außerhalb liegen (Bild II,43). Die als senkrechte, gerade Linien gezeichneten Hauptebenen sind nur als Erweiterung des Hauptpunktes aufzufassen. Die Hauptebenen sind gekrümmte Flächen. Im Idealfall sind sie konzentrisch zu den Achsbildpunkten verlaufende Kugelflächen.

Ein auf den vorderen Hauptpunkt zielender Strahl verläßt die Linse als ob er vom hinteren Hauptpunkt käme. Sein Achswinkel σ bleibt erhalten, so daß für diesen Fall $\sigma = \sigma'$ ist.

Rechnerisch findet man die Lage der Hauptpunkte als Unterschied zwischen Brennweite und Schnittweite.

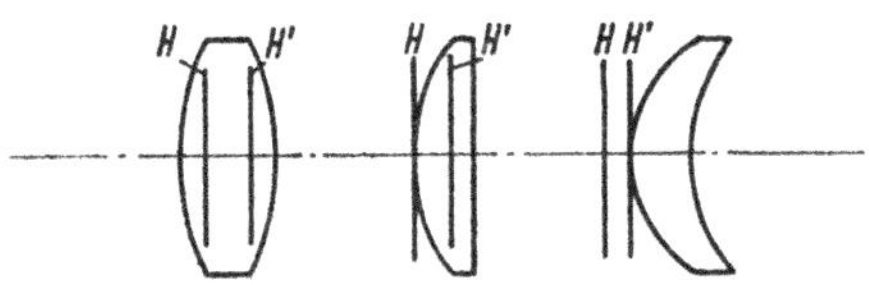

Bild II,43. Lage der Hauptebenen bei verschiedenen Linsenformen

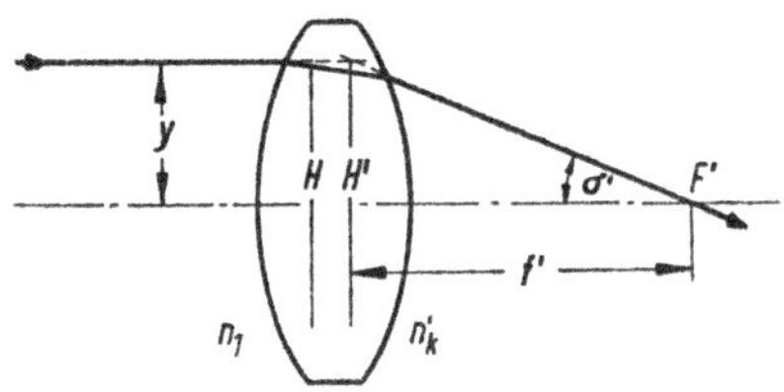

Bild II,44. Definition der Brennweite f'
n_1 erste, n_k' letzte Brechzahl; F' Brennpunkt;
H, H' Hauptpunkte; y' Größe des fernen Objektes; σ' Achswinkel unter dem das ferne Objekt abgebildet wird

11.1.3. Brennweiten. Die Brennweite ist die Strecke zwischen Hauptpunkt und Brennpunkt (Bild II,44). Es werden eine vordere Brennweite $\bar{f}$ und eine hintere Brennweite f' unterschieden:

$$\frac{\bar{f}}{f'} = -\frac{n_1}{n_k'} \qquad \text{(II,45)}$$

Befindet sich vor und hinter der Linse das gleiche optische Mittel, etwa Linse in Luft, so unterscheiden sich vordere und hintere Brennweite nur durch das Vorzeichen.

Für die Brennweite sind zwei Definitionen gültig. Sie wird aus der Abbeschen Sinusbedingung abgeleitet zu:

$$f' = \frac{n_1}{n_k'} \frac{h_1}{\sin \sigma_k'} \tag{II,46}$$

f' hintere Brennweite in mm; h_1 Einfallshöhe über der Achse in mm; σ_k' letzter Achswinkel in °; n_1, n_k' erste und letzte Brechzahl.

Aus der Abbildung eines fernen Objektes mit der Höhe y über der Achse ergibt sich die Brennweite zu:

$$f' = \frac{n_1}{n_k'} \frac{y}{\tan \sigma_k'} \tag{II,47}$$

y Objekthöhe über der Achse in mm.

Die Brennweite wird auch aus den Schnittweiten der achsnahen Strahlen errechnet, die sich bei der Durchrechnung mit der Eingangsschnittweite $s_1 = -\infty$ ergeben.

$$f' = \frac{n_1}{n_k'} \cdot \frac{s_1' s_2' \dots s_k'}{s_2 s_3 \dots s_k} \tag{II,48}$$

Es läßt sich nachweisen, daß (II,48) für den achsnahen Raum mit (II,47) identisch ist.

11.2. Linsen in Luft

Die *Brennweite* f' einer Linse in Luft errechnet sich nach (II,48) zu:

$$f' = \frac{s_1' s_2'}{s_2}$$

Werden darin die Ausdrücke aus (II,39) und (II,40) eingesetzt, so erhält man die Brennweite einer Linse als Funktion ihrer optischen Daten:

$$\frac{1}{f} = (n-1)\left(\frac{1}{r_1} - \frac{1}{r_2}\right) + \frac{(n-1)^2}{n} \frac{d}{r_1 r_2} \tag{II,49}$$

f Brennweite in mm; r_1, r_2 Flächenradien in mm; d Mittendicke in mm; n Brechzahl.

Die gleiche Formel nach f aufgelöst ergibt:

$$f = \frac{n r_1 r_2}{(n-1)[n(r_2 - r_1) + d(n-1)]} \tag{II,50}$$

In den entwickelten Linsenformeln wird $f' = f$ und $n_1' = n$ geschrieben.

Beispiel: Nach (II,49) soll die Brennweite einer Sammellinse errechnet werden. Die Daten der Linse sind:

$r_1 = +40$ mm; $r_2 = -80$ mm; $d = 25$ mm; $n = 1{,}55$.

Lösung:

$$\frac{1}{f} = (n-1)\left(\frac{1}{r_1} - \frac{1}{r_2}\right) + \frac{(n-1)^2}{n} \frac{d}{r_1 r_2}$$

$$\frac{1}{f} = 0{,}55\,(0{,}0250 + 0{,}0125) + \frac{(0{,}55)^2}{1{,}55} \frac{25}{+40\,(-80)}$$

$$\frac{1}{f} = 0{,}020625 - 0{,}001525$$

$$\frac{1}{f} = 0{,}0191$$

$$f = 52{,}3 \text{ mm.}$$

Löst man (II,49) nach r_2 auf, so kann bei gegebener Brennweite f, erstem Linsenradius r_1, Linsendicke d und Brechzahl n der Radius r_2 der zweiten Fläche errechnet werden.

$$r_2 = \frac{f(n-1)[n r_1 - d(n-1)]}{n[f(n-1) - r_1]} \tag{II,51}$$

11.3. Dünne Linsen in Luft

Wie die Rechnung in Abschnitt 11.2 zeigt, hat eine mäßige Linsendicke auf die Brennweite der Linsen nur geringen Einfluß. Die Linsendicke wird deshalb für Vorrechnungen aus den Gleichungen herausgenommen und erst am Schluß durch einen gesondert durchgeführten Rechnungsgang eingefügt.

Diese Linsen mit der Dicke Null werden als Äquivalentlinsen bezeichnet. Ihre Stellung im Linsensystem muß man sich dort denken, wo die beiden wegen Dicke = Null, zusammenfallenden Hauptebenen liegen.

Neben der Brennweite wird auch mit der Brechkraft dieser Linsen gerechnet. Die Brechkraft ist der reziproke Wert der Brennweite. In der Instrumentenoptik wird die Brechkraft gelegentlich auf 1 m bezogen, dann wird der Quotient als Dioptrie bezeichnet.

$$D = \frac{1}{f} \qquad \text{oder} \qquad \text{Dioptrie} = \frac{1\,\text{m}}{f \text{ in m}} \tag{II,52}$$

D Brechkraft in 1/mm; f Brennweite in mm.

Aus (II,49) wird für dünne Linsen die sehr einfache Beziehung abgeleitet:

$$\frac{1}{f} = D = (n-1)\left(\frac{1}{r_1} - \frac{1}{r_2}\right) \tag{II,53}$$

Für die Berechnung des Radius der zweiten Fläche ergibt sich:

$$\frac{1}{r_2} = \frac{1}{r_1} - \frac{D}{n-1} \qquad \text{oder} \qquad \frac{1}{r_2} = \frac{1}{r_1} - \frac{1}{f(n-1)} \tag{II,54}$$

Beispiel: Eine dünne Linse hat die Radien $r_1 = +40$ mm; $r_2 = -80$ mm. Sie ist aus Glas mit der Brechzahl $n = 1{,}55$.

a) Wie groß ist ihre Brennweite in mm?

b) Wieviel Dioptrien Brechkraft hat sie?

Lösung: a) Mit (II,53) ergibt sich:

$$\frac{1}{f} = (n-1)\left(\frac{1}{r_1} - \frac{1}{r_2}\right) = (1{,}55-1)\left(\frac{1}{40\,\text{mm}} - \frac{1}{-80\,\text{mm}}\right) = 0{,}0206\,\frac{1}{\text{mm}}$$

$$f = \frac{1}{0{,}0206}\,\text{mm} = 48{,}6\,\text{mm}.$$

b) Für die Berechnung der Brechkraft in Dioptrien wird die Brennweite in m ausgedrückt.

$$f = 48{,}6\,\text{mm} = 0{,}0486\,\text{m}; \quad \text{Brechkraft} = \frac{1\,\text{m}}{0{,}0486\,\text{m}} = 20{,}6 \text{ Dioptrien.}$$

Beispiel: Aus Glas mit der Brechzahl $n = 1{,}526$ soll eine dünne Linse mit der Brennweite $f = 100$ mm errechnet werden. Der Radius der ersten Fläche wird mit $r_1 = +80$ mm angenommen. Der Radius r_2 soll nach (II,54) errechnet werden.

Lösung: Die gegebenen Größen werden in (II,54) eingesetzt.

$$\frac{1}{r_2} = \frac{1}{r_1} - \frac{1}{(n-1)f} = \frac{1}{80\,\text{mm}} - \frac{1}{(1{,}526-1)\,100\,\text{mm}} = -0{,}0065\,\frac{1}{\text{mm}}$$

$$r_2 = \frac{1}{-0{,}0065}\,\text{mm} = -154\,\text{mm}.$$

Damit ergibt sich eine beiderseits erhabene, eine bikonvexe Linse.

11.4. Abbildung durch dünne Linsen

Mit den Abbildungsformeln für dünne Linsen werden die Schnittweiten errechnet und damit die Lagen der Bilder ermittelt. Sie vereinfachen die komplizierten Vorgänge einer optischen Abbildung so weit, daß man sie klar übersehen kann.

11.4.1. Graphisches Verfahren. Bei diesem Verfahren werden zwei Strahlen aus den unendlich vielen, die von einem Objektpunkt ausgehen, ausgewählt. Wo sich die Strahlen nach der Brechung schneiden, liegt der Bildpunkt. Man wählt einen achsparallelen Strahl, der nach der Brechung durch den hinteren Brennpunkt geht, und einen Strahl, der aus dem vorderen Brennpunkt zu kommen scheint und der nach der Brechung achsparallel weiterläuft. Gelegentlich nimmt man auch einen auf die Mitte der dünnen Linse zielenden Strahl, der die Linse ohne Ablenkung durchsetzt (Bild II,45).

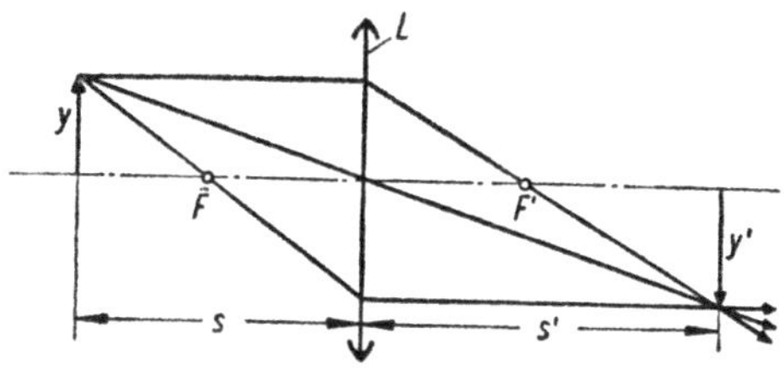

Bild II,45. Graphische Konstruktion des Bildes bei einer dünnen Sammellinse
L Linse; *y*, *y'* Objekt- und Bildgröße; *s*, *s'* Schnittweiten; *F*, *F'* Brennpunkte

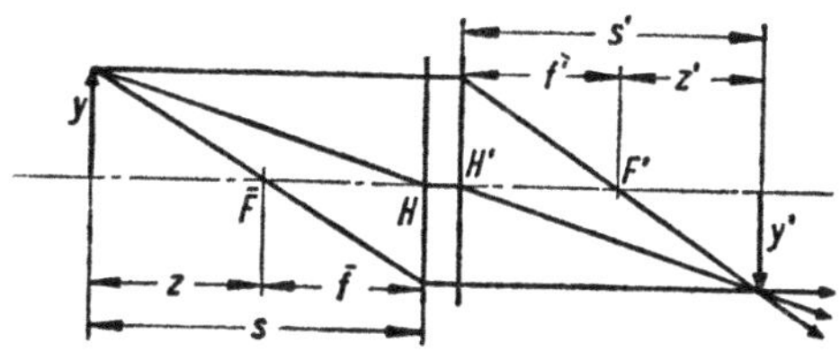

Bild II,46. Graphische Konstruktion des Bildes bei einer dicken Linse
$\bar{H}$, H' Hauptpunkte; $\bar{F}$, F' Brennpunkte; $\bar{f}$, f' Brennweiten, z, z' Abstand zwischen Objekt und Brennpunkt $\bar{F}$ sowie zwischen Brennpunkt F' und Bild

Der Objektabstand ist die Schnittweite *s*, der Bildabstand ist *s'*. Die Höhen über der Achse werden mit *y* und *y'* bezeichnet. Die Linse wird durch die zusammenfallenden Hauptebenen dargestellt. Auch für dicke Linsen mit großem Hauptpunktabstand läßt sich die Bildlage zeichnerisch ermitteln (Bild II,46).

Anmerkung: Es erscheint widersinnig, mit Formeln für achsnahe Strahlen zu arbeiten und dabei in Zeichnung und Rechnung endliche Achsabstände *y* und *y'* zu verwenden. Hiermit findet man aber den idealen Bildort, wo der Bildpunkt bei fehlerfreier Abbildung hingehört. Durch die Abbildungsfehler bei der Brechung an Kugelflächen wird der Bildort nur mehr oder weniger genau eingehalten.

11.4.2. Rechnerisches Verfahren. Aus (Bild II,45) kann man entnehmen:

$$\frac{y'}{y} = \frac{s'}{s} \tag{II,55}$$

Diese Gleichung sagt aus, daß sich die Bildgrößen wie die Schnittweiten verhalten, sofern vor und hinter der Linse das gleiche brechende Mittel ist.

Weiter ergibt sich die Abbildungsgleichung:

$$\frac{1}{f} = \frac{1}{s'} - \frac{1}{s} \quad \text{oder} \quad s' = \frac{f\,s}{f + s} \tag{II,56}$$

Setzt man in (II,56) $s - \bar{f} = z$ und $s' - f' = z'$, so erhält man die Newtonsche Abbildungsformel

$$z\,z' = \bar{f}\,f' \quad \text{(II,57)} \qquad \text{oder vereinfacht} \qquad z\,z' = -f^2 \quad \text{(II,58)}$$

Diese Gleichung ist sehr handlich, wenn kleine Veränderungen z' bzw. s' berechnet werden sollen, z. B. Veränderungen der Auszugslänge bei Kameras.

Beispiel: Eine Kamera hat $f' = 100$ mm Brennweite. Sie ist auf ein fernes Objekt einjustiert, so daß der Film in der Brennebene liegt. Um welchen Betrag z' muß der Abstand vergrößert werden, damit ein 1 m entfernter Gegenstand scharf abgebildet wird.

Lösung: Die Eingangsgrößen sind $f' = +100$ mm und $s = -1000$ mm. Die zur Ermittlung von z nötige vordere Brennweite $\bar{f}$ ist nach (II,45) negativ. Daraus ergibt sich z zu: $z = s - f = -100 + 100 = -900$ mm.

Damit errechnet sich die Auszugsverlängerung der Kamera mit (II,58) zu:

$$z' = -\frac{f^2}{z} = -\frac{(100\ \text{mm})^2}{-900\ \text{mm}} = +11{,}11\ \text{mm}.$$

11.5. Brennweiten von Linsensystemen

Mehrere Linsen hintereinander auf einer optischen Achse bilden ein optisches System. Dieses hat eine Gesamtbrennweite, die sich aus der Wirkung der einzelnen Linsen und ihren Abständen errechnet (Bild II,47). Die letzte Schnittweite s_k' ergibt sich, wenn die Gleichungen (II,39) und (II,40) entsprechend oft angewendet werden. Die Brennweite errechnet sich für $s_1 = -\infty$ aus den einzelnen Schnittweiten nach (II,48).

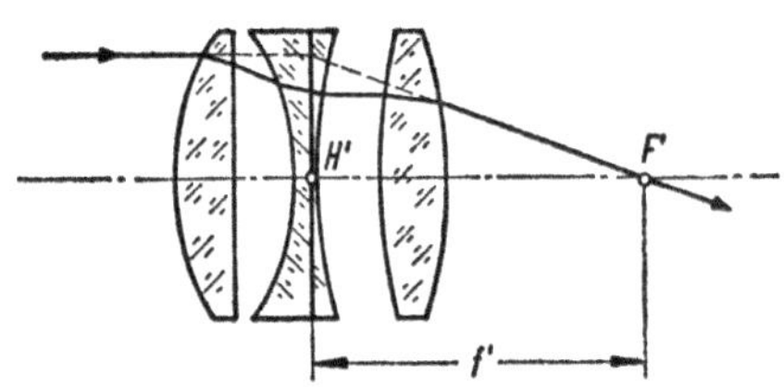

Bild II,47. Gesamtbrennweite f' in einem dreilinsigen Objektiv

11.5.1. Zwei dünne Linsen im Abstand. Für den Fall, daß zwei Linsen im Abstand e' stehen, errechnet sich die Gesamtbrennweite nach (II,59).

$$f_{1,2} = \frac{f_1 f_2}{f_1 + f_2 - e'} \tag{II,59}$$

oder

$$D_{1,2} = D_1 + D_2 - e'\,D_1\,D_2 \tag{II,60}$$

f Brennweiten in mm; e' Linsenabstand in mm; D Brechkräfte in 1/mm.

Wird der Abstand e verändert, so kann die Gesamtbrennweite unendlich viele Werte annehmen. Sie kann sogar von positivem auf negatives Vorzeichen umschlagen.

Gleichung (II,60) zeigt, daß bei $e' = 0$, also Linsen im Kontakt, sich die *Brechkräfte* D_1 und D_2 addieren.

$$D_{1,2} = D_1 + D_2 \quad \text{oder} \quad \frac{1}{f_{1,2}} = \frac{1}{f_1} + \frac{1}{f_2} \qquad \text{(II,61)}$$

Die *Schnittweite* s_F' ist:

$$s_F' = f_{1,2}\left(1 - \frac{e'}{f_1}\right) \qquad \text{(II,62)}$$

s_F' fokale Schnittweite in mm;

$f_{1,2}$; f_1 Brennweiten in mm;

e' Linsenabstand in mm.

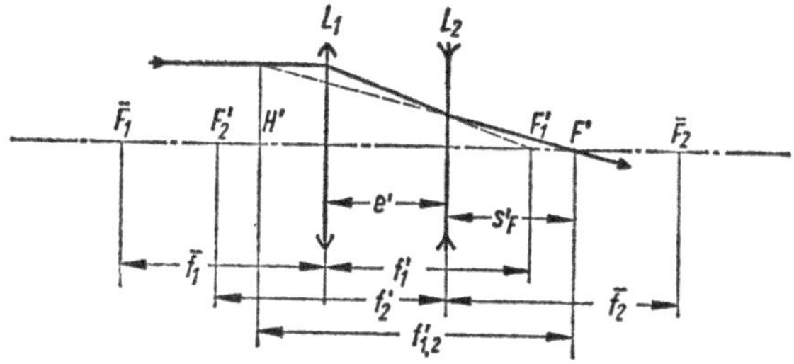

Bild II,48. Objektiv aus zwei dünnen Linsen
L_1 Sammellinse; L_2 Zerstreuungslinse;
F' hinterer Brennpunkt des Objektivs; $f_{1,2}'$ hintere Gesamtbrennweite; s_F', letzte Schnittweite; e' Abstand der dünnen Linsen (bei dicken Linsen Abstand der einander zugewandten Hauptpunkte)

12. Strahlenbegrenzung

Die optischen Geräte nehmen Strahlenbüschel oder Strahlenbündel auf, die von den Fassungsteilen oder von Blenden begrenzt werden (Bild II,49).

Steht die Blende in unmittelbarer Nähe einer reell abbildenden Fläche oder Linse, so begrenzt sie die einfallende Lichtmenge, die Abbildungsgröße wird von ihr nicht beeinflußt (Bild II,50). Solche Blenden sind Öffnungs- oder Aperturblenden. Das von der Blende eingeschlossene Feld ist die Pupille.

Beispiel: Der Fassungsring eines Fernrohrobjektives ist die Öffnungsblende. Die Linsenfläche selbst ist die Pupille, in diesem Fall die Eintrittspupille.

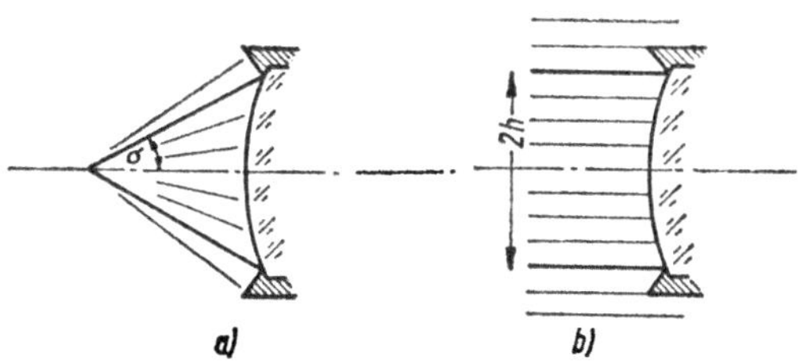

Bild II,49. Fassungsringe als Apertur- oder Öffnungsblenden
a) Bildet das Objektiv nahe Objekte ab, so begrenzt der Aperturwinkel 2σ das aufgenommene Licht.
b) Für ferne Objekte begrenzt die freie Öffnung $2h$ die einfallende Lichtmenge.

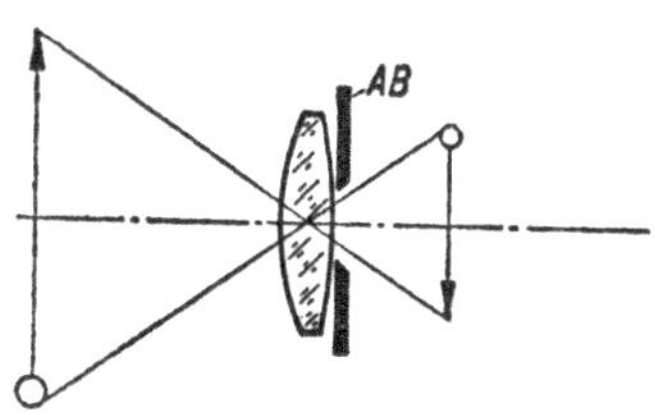

Bild II,50. Die Aperturblende AB liegt in unmittelbarer Nähe der Objektivlinse. Sie hat keinen Einfluß auf die Bildgröße

Befindet sich die Blende im Objekt oder am Ort eines reellen Bildes, so begrenzt sie die Objekt- oder Bildausdehnung. Solche Blenden sind Sehfeld- oder Gesichtsfeldblenden (Bild II,51).

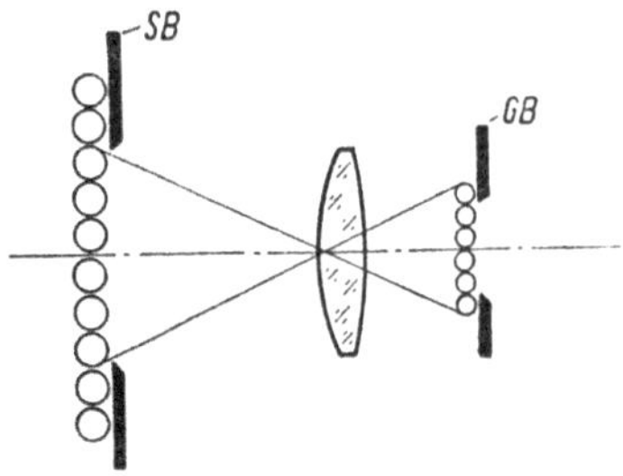

Bild II,51. Die Sehfeldblende SB liegt im Objekt. Sie begrenzt das Sehfeld.
Die Gesichtsfeldblende GB begrenzt das von einem Objektiv erzeugte reelle Bild.

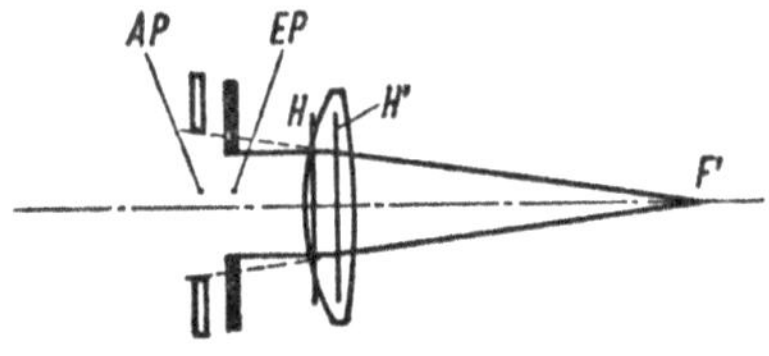

Bild II,52. Linse mit Vorderblende, AP ist das virtuelle Bild der Blende EP

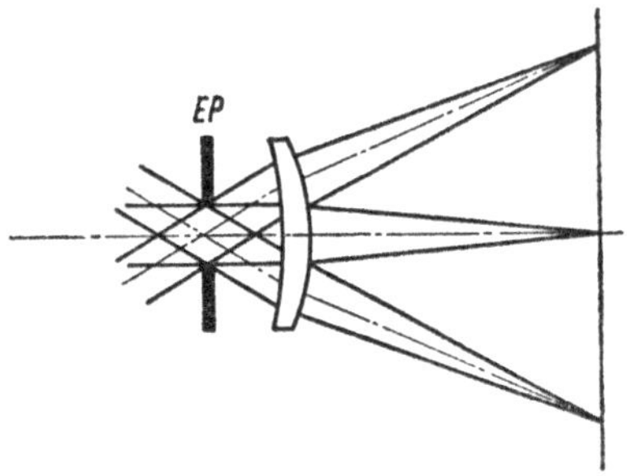

Bild II,53. Auswirkung des Gesichtswinkels auf die Linsengröße bei weit von der Linse abstehender Blende. Die Linse muß wesentlich größer als die Blende sein.

Beispiel: Der quadratische Rahmen einer Meßlupe begrenzt das Sehfeld, er ist Sehfeldblende. Die Formatbegrenzung im Photoapparat begrenzt das vom Objektiv erzeugte reelle Bild, sie ist Gesichtsfeldblende.

Durch die nachfolgenden Linsen werden die Blenden reell oder virtuell abgebildet. Sie wirken dadurch an Stellen, an denen keine körperliche Blende steht (Bild II,52). Werden sie vor dem System abgebildet, so nennt man die nicht körperlichen Blenden auch Luken. Das von sämtlichen nachfolgenden Linsen erzeugte Bild der Eintrittspupille ist die Austrittspupille.

Beispiel: Beim Prismenfeldstecher sieht man die Austrittspupille als helles Scheibchen hinter der letzten Okularlinse.

Steht eine Blende zwischen einem abbildenden Objektiv und einer Bildebene, so begrenzt sie das Bild nicht scharf, und das Bild wird am Rand dunkel. Befindet sich die Blende weit vor oder hinter einer Linse, so muß die Linse entsprechend groß sein, damit sie den gewünschten Gesichtswinkel aufnehmen kann (Bild II,53).

Beispiel: Kameralinsen mit Vorderblende müssen größer als der Blendendurchmesser sein. Okularlinsen von Zielfernrohren, bei denen die Austrittspupille wegen des Gewehrrückschlages weit hinter die letzte Linse gelegt wird, haben einen sehr großen Durchmesser.

Bei visuell benutzten Geräten, z. B. Fernrohren und Mikroskopen, muß die Austrittspupille dem Auge bequem zugänglich sein; sie liegt dann etwa 10 ... 15 mm hinter der letzten Linse.

13. Abbildungsfehler

Die Formeln für achsnahe Strahlen liefern die idealen Bildpunkte, d. h. die Orte, wo die Bildpunkte bei fehlerfreier Abbildung entstehen würden. Die bilderzeugenden Strahlen schließen jedoch mit der optischen Achse größere Winkel ein, und die Linsen sind wegen der erwünschten Bildhelligkeit möglichst groß, so daß die Strahlen erhebliche Einfallshöhen haben. Dadurch ist die Abbildung im allgemeinen mit Fehlern behaftet. Neben den auch bei einfarbigem Licht auftretenden monochromatischen Fehlern treten Farbfehler auf, weil kurzwelliges Licht stärker gebrochen wird als langwelliges. Der optische Rechner kompensiert die Abbildungsfehler weitgehend. Die verbleibenden Restfehler dürfen bei der jeweiligen Anwendung nicht stören.

13.1. Monochromatische Abbildungsfehler

Monochromatische Abbildungsfehler treten auch bei Verwendung einfarbigen Lichtes auf. Sie können jedoch für die einzelnen Lichtfarben unterschiedliche Werte annehmen.

13.1.1. Öffnungsfehler oder sphärische Aberration. Treffen achsparallele Strahlen auf eine Linse, so schneiden sich nur die achsnah eintretenden im Brennpunkt F' mit der Achse. Die höher einfallenden Strahlen haben andere, im allgemeinen kürzere Schnittweiten (Bild II,54). Der Abstand $\Delta s'$ zwischen Schnittpunkt und Brennpunkt ist der Öffnungsfehler. Liegt der Achsschnittpunkt, in Lichtrichtung gemessen, vor dem Brennpunkt, so ist das Linsensystem für die betreffende Einfallshöhe (Zone) unterkorrigiert, liegt der Achsschnittpunkt hinter dem Brennpunkt, so ist es überkorrigiert.

Damit Objektive verglichen werden können, wird der Öffnungsfehler für die Brennweite $f = 100$ mm graphisch aufgetragen (Bild II,55).

Für die Darstellung ist festgelegt:

1 mm Einfallshöhe $\triangleq$ 4 mm Ordinatenhöhe

1 mm Öffnungsfehler $\triangleq$ 20 mm auf der Abszisse

Der Öffnungsfehler wird meist für das Licht der Linien C, d und F ermittelt.

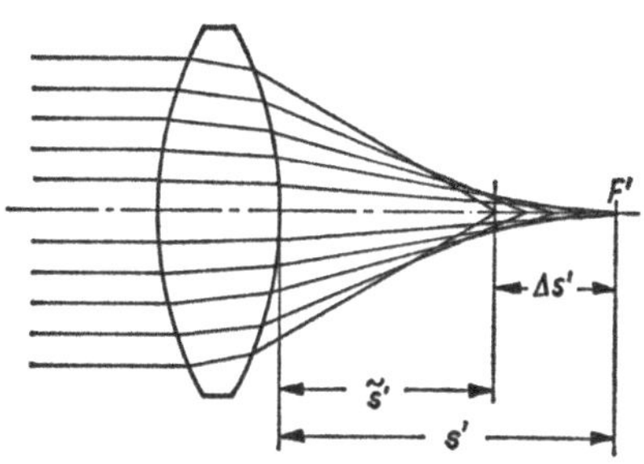

Bild II,54. Öffnungsfehler einer Sammellinse
$\Delta s' = \tilde{s}' - s'$

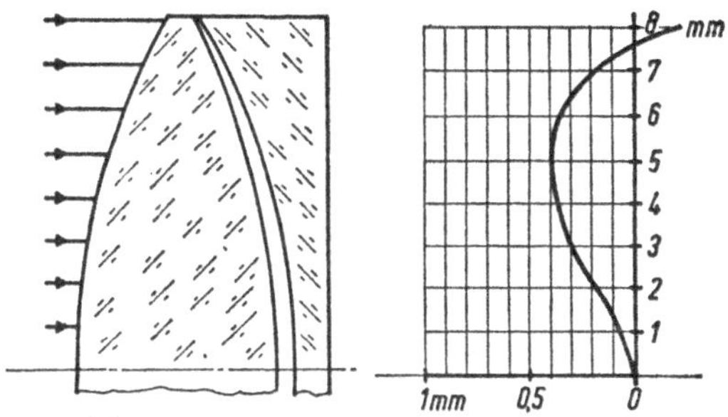

Bild II,55. Graphische Darstellung des Öffnungsfehlers
1 mm Öffnungsfehler $\triangleq$ 20 mm auf der Abszisse
1 mm Strahleneinfallshöhe $\triangleq$ 4 mm auf der Ordinate

13.1.2. Koma (Asymmetriefehler). Schräg einfallende Parallelstrahlen können nach der Brechung unsymmetrisch verlaufen (Bild II,56). Sie bilden dann einen Punkt als unscharf begrenzten Strich ab, der einem Komma ähnelt. Man unterscheidet Innenkoma und Außenkoma, sowie meridionale und sagittale Koma, die auch Rinnenfehler genannt wird. Die Koma ist durch die Blendenlage und möglichst symmetrischen Aufbau der Objektive zu beeinflussen.

13.1.3. Astigmatismus (Zweischalenfehler). Treffen Strahlenbüschel schief auf eine Linsenfläche, so werden die oben und unten verlaufenden, die meridionalen Strahlen, an einem anderen Punkt vereinigt als die seitlich verlaufenden, die sagittalen Strahlen (Bild II,57). Der Unterschied ist die *astigmatische Differenz* $(s_s' - s_m')$.

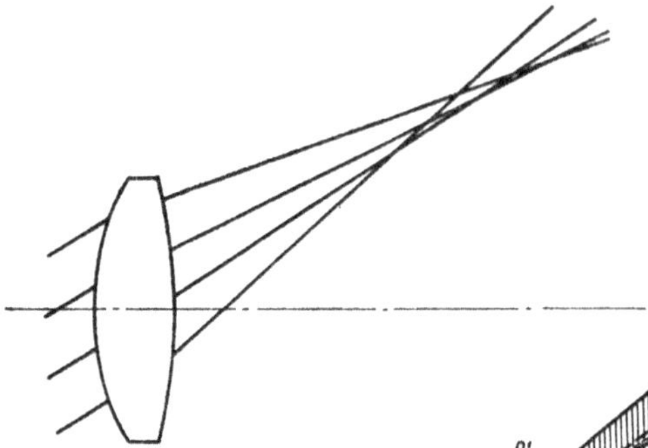

Bild II,56. Strahlenverlauf bei Außenkoma

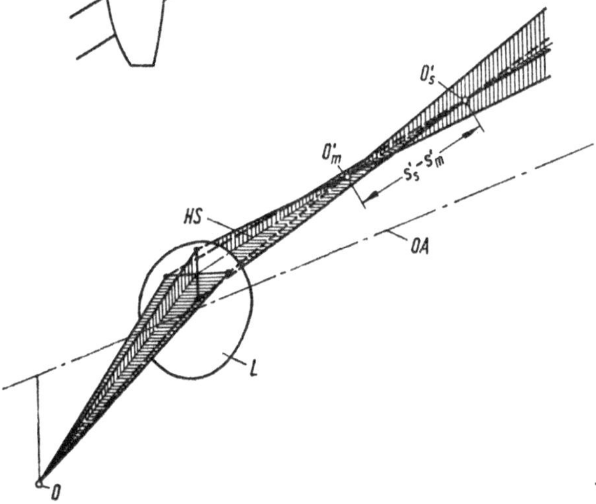

Bild II,57. Astigmatismus bei Brechung an einer Kugelfläche

OA optische Achse; *L* Linsenfläche;

O Objektpunkt; *HS* Hauptstrahl;

O_m' Schnittpunkt der meridionalen Strahlen;

O_s' Schnittpunkt der sagittalen Strahlen;

$s_s' - s_m'$ astigmatische Differenz

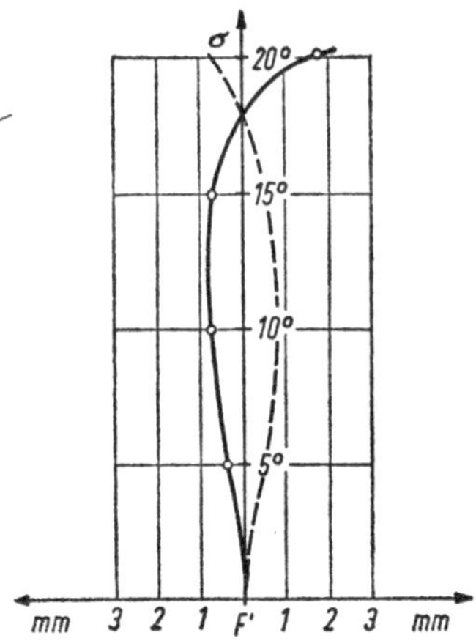

Bild II,58
Graphische Darstellung des Astigmatismus

1 mm astigmatische Differenz ≙ **4 mm** auf der Abszisse
10° Hauptstrahlneigung ≙ 24 mm auf der Ordinate
Die gestrichelte Linie ist der Ort der meridionalen Bildpunkte, die ausgezogene Linie ist der Ort der sagittalen Bildpunkte.

Der Fehler bewirkt, daß sich die meridionalen Strahlen auf einer anderen Bildschale vereinigen als die sagittalen. Von einem Kreuzraster kann man dann auf einer Mattscheibe einmal die senkrechten und einmal die waagerechten Linien scharf einstellen. In Objektiven, die unter großen Winkeln scharf abbilden sollen, etwa Photoobjektiven, muß der Fehler weitgehend korrigiert sein. Er gilt als behoben, wenn sich die Bildschalen in der Bildmitte und kurz vor dem Rand treffen.

Der Astigmatismus schiefer Bündel wird in rechtwinkligen Koordinaten aufgezeichnet (Bild II,58). Auf der Abszisse wird die Abweichung der Bildpunkte aus der Brennebene, also die astigmatische Einstelldifferenz, verzeichnet. Auf der Ordinate sind die objektseitigen Hauptstrahlneigungen aufgetragen. Für die Darstellung sind wieder entsprechende Maßstäbe vereinbart:

1 mm astigmatische Einstelldifferenz ≙ 4 mm auf der Abszisse
10° Hauptstrahlneigung ≙ 24 mm auf der Ordinate

Die Darstellung gilt für $f = 100$ mm Brennweite.

13.1.4. Bildfeldkrümmung. Die Bildfeldkrümmung ist mit dem Astigmatismus eng verbunden. Die beiden Bildschalen sind bei Sammellinsen zur Linse hohl gekrümmt. Dadurch besteht zwischen Bildmitte und -rand eine Einstelldifferenz.

Bei Objektiven, die unter großen Winkeln abbilden sollen, muß das Bild gut geebnet sein. Das gilt besonders für photographische Weitwinkelobjektive.

Anmerkung: Wird ein Photoobjektiv als Anastigmat bezeichnet, so ist der Astigmatismus korrigiert und das Bildfeld geebnet.

13.1.5. Verzeichnung. Ändert ein Objektiv unter verschiedenen Neigungswinkeln seinen Abbildungsmaßstab (gleichbedeutend mit Brennnweitenveränderung), so hat es Verzeichnung. Wird der Abbildungsmaßstab bei größerem Winkel geringer, so entsteht negative Verzeichnung, und ein Quadrat wird tonnenförmig verzeichnet abgebildet. Im umgekehrten Fall ist die Verzeichnung positiv und das Quadrat wird kissenförmig verzeichnet (Bild II,59).

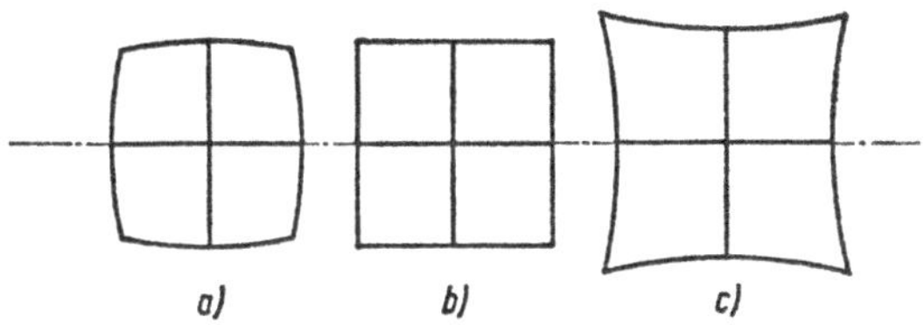

Bild II,59. Formen der Verzeichnung
a) tonnenförmige oder negative Verzeichnung
b) verzeichnungsfrei
c) kissenförmige oder positive Verzeichnung

Zahlenmäßig wird die Verzeichnung als prozentuale Abweichung von der richtigen Bildgröße angegeben. Ist die Bildgröße y' für einen Bildwinkel um $\Delta y'$ fehlerhaft, so ist die prozentuale Verzeichnung:

$$\text{Verzeichnung in } \% = \frac{100\,\Delta y'}{y'} \qquad \text{(II,64)}$$

13.2. Sonderfälle der Abbildung durch Linsen

13.2.1. Abbesche Sinusbedingung. Die Sinusbedingung ist ein Kriterium für asymmetriefehlerfreie Abbildung. Ein Objektiv wird bei guter Korrektur des Öffnungsfehlers Objektpunkte auch außerhalb der Achse asymmetriefehlerfrei abbilden, wenn:

$$\beta = \frac{n \sin \sigma}{n' \sin \sigma'} = \text{const} \qquad \text{(II,65)}$$

n, n' Brechzahl im Objekt- und Bildraum; σ, σ' Winkel des Strahles mit der Achse.

Für $\sigma = 0$, das Licht tritt achsparallel ein, ist die Sinusbedingung die schon unter Abschnitt 11.1.3 genannte Gleichung (II,46)

$$\frac{h}{\sin \sigma_k'} = f = \text{const}$$

h Einfallshöhe über der Achse in mm; f Brennweite in mm.

Das Objektiv hat also über die ganze Fläche gleiche Brennweite.

Anmerkung: Der Gleichung $f = \frac{h}{\sin \sigma_k'}$, kann man entnehmen, daß in diesem Sonderfall die hintere Hauptebene eine Kugelfläche mit Zentrum im Brennpunkt ist.

13.2.2. Aplanatische Punkte. Auch eine Kugelfläche kann Achspunkte fehlerfrei abbilden. Diese bestimmten Achspunkte heißen die aplanatischen Punkte der Fläche.

1. Fall: $s = 0$; $s' = 0$; Objekt und Bild liegen im Flächenscheitel.

2. Fall: $s = r$, $s' = r$; Objekt und Bild liegen im Kugelmittelpunkt. Das Licht wird nicht gebrochen.

3. Fall: $$s = r\,\frac{n + n'}{n}\,;\quad s' = r\,\frac{n + n'}{n'} \qquad \text{(II,66)}$$

die hierzu gehörenden Objekt- und Bildpunkte sind die aplanatischen Punkte der Kugelfläche.

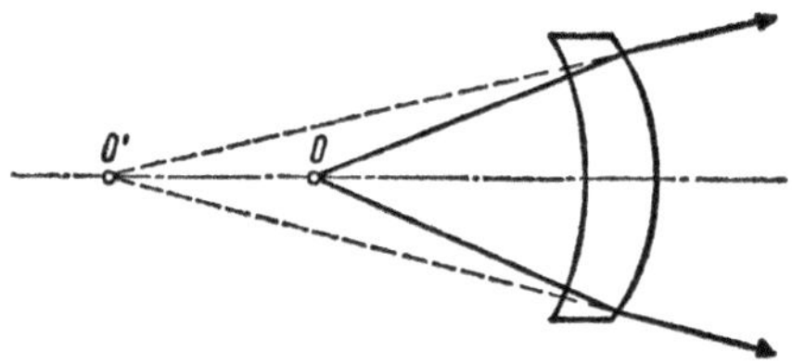

Bild II,60. Aplanatische Meniskuslinse
O, O' aplanatische Punkte

Gibt man einer Linse Flächen, die Fall 2 und 3 entsprechen, so ist sie auch bei großer Öffnung für die aplanatischen Punkte fehlerfrei. Sie kann jedoch nicht reell abbilden (Bild II,60). Aplanatische Linsen werden an Stellen großer Strahlenneigung (Aperturwinkel) verwendet, z. B. als erste Linse eines Kondensorsystems.

13.3. Chromatische Fehler der Linsen

Die Abbildung durch Linsen ist von Natur aus mit Farbfehlern behaftet. Diese Farbfehler können durch Zusammenfügen von Sammel- und Zerstreuungslinsen aus Kron- und Flintglas so weit abgeschwächt werden, daß sie unmerklich sind.

In der Hauptsache werden der Farbfehler des Bildortes und der Farbfehler der Vergrößerung unterschieden. Der erste Fehler tritt auf, wenn ein System für jede Lichtfarbe eine andere Schnittweite hat. Das vom blauen Licht erzeugte Bild liegt meist näher am Objektiv als das vom roten Licht erzeugte. Der zweite Fehler tritt auf, wenn das System für jede Farbe eine andere Brennweite hat.

Bei Systemen, die nur aus einem Linsenglied bestehen, das gegenüber der Brennweite eine geringe Dicke hat, fallen beide Fehler zusammen, weil hier Schnittweite und Brennweite fast gleich sind.

Farbenquerfehler tritt auf, wenn Linsen, zwischen denen sich größere Abstände befinden, miteinander achromatisiert werden. Durchtritt dabei ein weißer Lichtstrahl eine der Linsen als Hauptstrahl, so wird er chromatisch kaum beeinflußt. Trifft der Strahl die andere Linse, aber außerhalb der Mitte, so wird er abgelenkt, und es treten die erwarteten chromatischen Differenzen auf. Diese unterschiedliche Wirkung der Linsen führt zum Farbenquerfehler.

Die Bedingungen, unter denen ein Objektiv als achromatisch bezeichnet wird, sind verschieden und richten sich nach dem Verwendungszweck. Besonders hoch sind die Anforderungen, wenn ein Objektiv eine hohe Eigenvergrößerung leisten muß, wie etwa ein starkes Mikroskopobjektiv.

Für allgemeine Fälle beschränkt man sich darauf, daß das rote Licht der C-Linie und das blaue Licht der F-Linie am gleichen Ort ein Bild geben und das optische System für diese beiden Linien gleiche Brennweiten hat. Die restlichen Farben streuen dann nur noch im Bereich des *sekundären Spektrums.*

Für sehr hohe Ansprüche wird auch das sekundäre Spektrum beseitigt. Man fordert dabei, daß auch das gelbe Licht der d-Linie am gleichen Ort wie das Licht der C- und F-Linien ein Bild liefert und das Objektiv auch für die d-Linie die gleiche Brennweite hat. Nach E. *Abbe* nennt man solche Objektive *Apochromate*. Der geforderte Korrekturzustand wird durch entsprechende Auswahl der Gläser oder Hinzufügen einer weiteren Linse erreicht.

13.3.1. Chromasie dünner Linsen. Der Unterschied zwischen der Brennweite (oder Schnittweite) für blaues und rotes Licht wird als chromatische Differenz bezeichnet. Ist dabei die Brennweite für rot länger als für blau, so ist die Linse chromatisch unterkorrigiert, im anderen Fall ist sie überkorrigiert. Man erkennt sofort, daß eine Sammellinse unterkorrigierend und eine Zerstreuungslinse überkorrigierend wirkt.

Die Größe der *chromatischen Differenz* Δf einer dünnen Linse ergibt sich zu

$$\Delta f = f_C - f_F \qquad \text{(II,66)}$$

Δf chromatische Differenz in mm; f_C, f_F Brennweiten für die Farben C und F in mm.

In Verbindung mit der Abbeschen Zahl ν (II,20) erhält man für die chromatische Differenz einer dünnen Einzellinse die einfache Beziehung

$$\Delta f = \frac{f}{\nu} \qquad \text{(II,67)}$$

14. Achromate

Achromate sind Linsensysteme, die für zwei Lichtfarben farbfehlerfrei sind.

14.1. Achromat aus zwei dünnen Linsen im Kontakt

Eine Sammellinse und eine Zerstreuungslinse bilden einen Achromat, wenn sie der Bedingung $f_1 \nu_1 = f_2 \nu_2$ entsprechen (Bild II,61).

Wählt man Glassorten mit den Abbeschen Zahlen ν_1 und ν_2, so können die Einzelbrechkräfte D_1 und D_2 für eine gesamte Brechkraft $D_{1,2}$ nach (II,68) errechnet werden.

$$D_1 = \frac{\nu_1}{\nu_1 - \nu_2} D_{1,2}$$

$$D_2 = -\frac{\nu_2}{\nu_1 - \nu_2} D_{1,2} \qquad \text{(II,68)}$$

$D_{1,2}$ Gesamtbrechkraft beider Linsen in 1/mm;

D_1, D_2 Brechkräfte der einzelnen Linsen in 1/mm;

ν_1, ν_2 Abbesche Zahlen (Dispersionswerte) der Gläser.

Bild II,61
Achromatische Sammellinse
K Kronglas; *F* Flintglas

Beispiel: Für einen Achromat aus zwei verkitteten Linsen sollen die Radien der Linsenflächen errechnet werden.

Der Achromat soll $f = 250$ mm Brennweite haben. Die erste Linse des Systems ist aus Kronglas und hat den Radius $r_1 = +\,0{,}555\,f$.

Die beiden Gläser sind aus dem Katalog von Schott & Gen. gewählt.

Kronglas BK 7 $\quad n_d = 1{,}5168$; $\nu_d = 64{,}20$ (im folgenden n_1 und ν_1 bezeichnet)
Flintglas SF 5 $\quad n_d = 1{,}6727$; $\nu_d = 32{,}23$ (im folgenden n_2 und ν_2 bezeichnet)

Lösung: Die Rechnung wird vorteilhaft mit der Brennweite $f = 1$, folglich auch mit der Gesamtbrechkraft $D_{1,2} = 1$ angesetzt. Erst am Schluß werden die Radien mit der Brennweite $f = 250$ mm multipliziert.

Mit (II,68) errechnen sich die Brechkräfte der beiden Linsen zu:

$$D_1 = \frac{\nu_1}{\nu_1 - \nu_2} D_{1,2} = \frac{64{,}20}{64{,}20 - 32{,}23} 1 = +2{,}008;$$

$$D_2 = -\frac{\nu_2}{\nu_1 - \nu_2} D_{1,2} = -\frac{32{,}23}{64{,}20 - 32{,}23} 1 = -1{.}008.$$

Für die Brechkräfte D_1 und D_2 werden die Flächenradien der Linsen nach (II,54) errechnet. Dabei wird der erste Radius, wie in der Aufgabe gefordert, mit $r_1 = +0{,}555\,f$ eingesetzt.

$$\frac{1}{r_2} = \frac{1}{r_1} - \frac{D_1}{n_1 - 1} = \frac{1}{0{,}555} - \frac{2{,}008}{1{,}5168 - 1} = -2{,}084.$$

Weil die zweite mit der dritten Fläche verkittet wird, ist auch $1/r_3 = -2{,}084$. Damit ergibt sich für den Radius der vierten Fläche:

$$\frac{1}{r_4} = \frac{1}{r_3} - \frac{D_2}{n_2 - 1} = -2{,}084 + \frac{1{,}008}{1{,}6727 - 1} = -0{,}586$$

Aus den reziproken Werten errechnen sich die Radien der Linsenflächen für einen Achromaten mit der Brennweite $f = 250$ mm zu:

$$r_1 = \frac{250\ \text{mm}}{1{,}802} = +138{,}75\ \text{mm}$$

$$r_2 = r_3 = \frac{250\ \text{mm}}{-2{,}084} = -119{,}96\ \text{mm}$$

$$r_4 = \frac{250\ \text{mm}}{-0{,}586} = -426{,}62\ \text{mm}$$

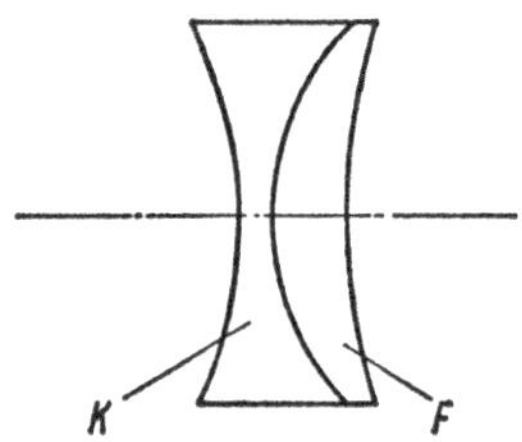

Bild II,62
Achromatische Zerstreuungslinse
K **Kronglas;** *F* **Flintglas**

Die Mittendicken werden so gewählt, daß die Linsen fertigungstechnisch günstige Formen erhalten. Dazu soll die Sammellinse am Rande etwa 2 mm Zylinderbreite haben und die Zerstreuungslinse in der Mitte etwa 1/12 ihres Durchmessers dick sein.

Der Achromat wird mit den Brechzahlen für die C-, d- und F-Linie nach (II,39) und (II,42) durchgerechnet. Auftretende Abweichungen der Brennweite und der Farbvereinigung werden dabei korrigiert.

Anmerkung: In einem achromatisierten, lichtzerstreuenden Linsenglied (Bild II,62) ist die Sammellinse aus Flintglas und die Zerstreuungslinse aus Kronglas.

14.2. Linsenglieder mit Dispersion

Mit (II,68) erhält man Systeme, deren chromatische Differenz in erster Annäherung Null ist. Entsprechend (II,67) ist die Abbesche Zahl einer solchen Kombination $\nu_{1,2} = \infty$. Gelegentlich werden jedoch auch Linsen mit chromatischer Abweichung benötigt. Für die Dispersion können dabei ν-Werte gefordert werden, die bei Gläsern nicht vorkommen.

Fügt man zwei Gläser mit unterschiedlichen ν-Werten wie beim Achromaten zusammen, so kann für diese Kombination mit der Brechkraft $D_{1,2}$ durch entsprechende Wahl der Brechkräfte D_1 und D_2 der Einzellinsen fast jeder beliebige $\nu_{1,2}$-Wert errechnet werden.

Die Bedingung dafür lautet:

$$\nu_{1,2} = \frac{D_{1,2}}{\frac{D_1}{\nu_1} + \frac{D_2}{\nu_2}} \qquad \text{(II,69)}$$

$D_{1,2}$ Gesamtbrechkraft; D_1, D_2 Brechkräfte der Einzellinsen; $\nu_{1,2}$ Abbesche Zahl für das gesamte System; ν_1, ν_2 Abbesche Zahl der Gläser.

Wenn die Rechnung nach (II,69) ein positives $\nu_{1,2}$ liefert, ist die Linsenfolge unterkorrigiert, d. h., die Brennweite für blaues Licht ist kürzer als die für rotes. Bei negativem $\nu_{1,2}$ ist die Linsenfolge überkorrigiert.

Für den Ansatz eines solchen Linsensystems wird (II,69) entsprechend umgeformt, damit sich die Einzelbrechkräfte D_1 und D_2 leicht errechnen lassen.

$$D_1 = \frac{D_{1,2}}{1 - \frac{\nu_2(\nu_{1,2} - \nu_1)}{\nu_1(\nu_{1,2} - \nu_2)}} \qquad D_2 = \frac{D_{1,2}}{1 - \frac{\nu_1(\nu_{1,2} - \nu_2)}{\nu_2(\nu_{1,2} - \nu_1)}} \qquad \text{(II,70)}$$

Beispiel: Für ein zweilinsiges System mit der Brechkraft $D_{1,2} = D_1 + D_2 = +1$ und $\nu_{1,2} = +125$ werden folgende Gläser aus dem Katalog von Schott & Gen. gewählt:

BaLK 3 $\nu_1 = 60{,}34$; LF 5 $\nu_2 = 40{,}80$.

Wie groß werden dabei die Brechkräfte D_1 und D_2?

Lösung: Die Brechkräfte D_1 und D_2 errechnen sich nach (II,70) zu:

$$D_1 = \frac{1}{1 - \frac{40{,}80\,(125{,}0 - 60{,}34)}{60{,}34\,(125{,}0 - 40{,}80)}} = +2{,}08;$$

$$D_2 = \frac{1}{1 - \frac{60{,}34\,(125{,}0 - 40{,}80)}{40{,}80\,(125{,}0 - 60{,}34)}} = -1{,}08.$$

14.3. Achromate aus Linsen mit Luftabstand

Auch Linsenfolgen, bei denen zwischen den Linsen ein Luftabstand e liegt, lassen sich achromatisieren (Bild II,63). Da sich hier Schnittweite und Brennweite erheblich unterscheiden, gelten für deren Achromatisierung auch unterschiedliche Beziehungen.

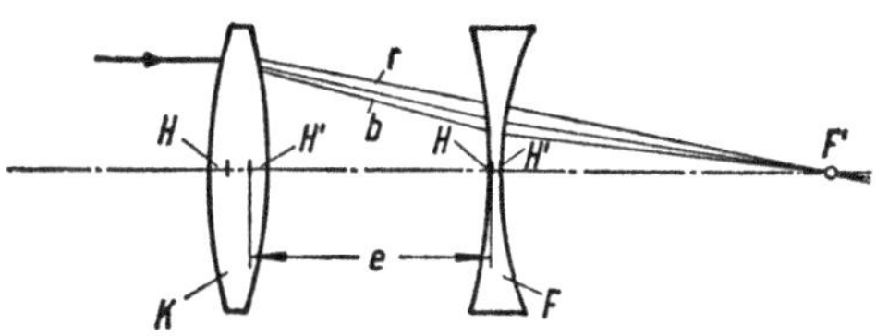

Bild II,63. Achromatisiertes System aus zwei Linsen im Abstand e. Streuung der Lichtfarben übertrieben dargestellt.
r roter Strahl; b blauer Strahl

Achromasie der Schnittweite besteht, wenn:

$$\frac{D_1}{\nu_1} + \frac{D_2}{\nu_2}(e D_1 - 1)^2 = 0 \qquad \text{(II,71)}$$

oder

$$\frac{1}{f_1 \nu_1} + \frac{1}{f_2 \nu_2}\left(\frac{e - f_1}{f_1}\right)^2 = 0 \qquad \text{(II,72)}$$

Achromasie der Brennweite besteht, wenn:

$$\frac{1}{\nu_1 + \nu_2}\left(\frac{\nu_1}{D_1} + \frac{\nu_2}{D_2}\right) = e \quad \text{(II,73)} \qquad \text{oder} \qquad \frac{\nu_1 f_1 + \nu_2 f_2}{\nu_1 + \nu_2} = e \quad \text{(II,74)}$$

Bei der Berechnung solcher Linsenfolgen wird meist der ν-Wert des zweiten Glases gesucht. Hierzu werden (II,71) bis (II,74) nach ν_2 aufgelöst. Es ergibt sich:

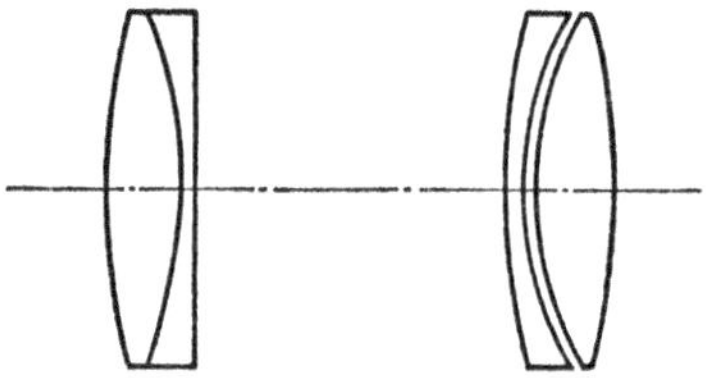

Bild II,64. Petzvalsches Porträtobjektiv. Jedes der beiden Linsenglieder ist achromatisiert, dadurch ist gleichzeitig Schnittweite und Brennweite von Farbfehlern frei.

Für Achromasie der Schnittweite:

$$\nu_2 = -\nu_1 \frac{D_2}{D_1}(e D_1 - 1)^2 \quad \text{(II,75)}$$

oder

$$\nu_2 = -\nu_1 \frac{f_1}{f_2}\left(\frac{e - f_1}{f_1}\right)^2 \quad \text{(II,76)}$$

Für Achromasie der Brennweite:

$$\nu_2 = \nu_1 \frac{D_2 (D_1 e - 1)}{D_1 (1 - D_2 e)} \quad \text{(II,77)}$$

oder

$$\nu_2 = \nu_1 \frac{f_1 - e}{e - f_2} \quad \text{(II,78)}$$

f_1 Brennweite der ersten Linse in mm; f_2 Brennweite der zweiten Linse in mm; D_1 Brechkraft der ersten Linse in 1/mm; D_2 Brechkraft der zweiten Linse in 1/mm; e Abstand zwischen den Linsen in mm; ν_1 Abbesche Zahl des Glases der ersten Linse; ν_2 Abbesche Zahl des Glases der zweiten Linse.

Beispiel: Für ein System aus zwei Linsen im Abstand e soll der ν_2-Wert errechnet werden, bei dem a) die Schnittweite, b) die Brennweite einer Linsenfolge frei von chromatischer Abweichung ist. Gegeben sind:

$f_1 = -100$ mm; $f_2 = +100$ mm; $e = 25$ mm und $\nu_1 = 36{,}0$.

Lösung: a) Mit (II,76) errechnet sich ν_2 für farbfehlerfreie Schnittweite zu:

$$\nu_2 = -\nu_1 \frac{f_1}{f_2}\left(\frac{e - f_1}{f_1}\right)^2 = -36 \frac{-100}{+100}\left(\frac{25 + 100}{-100}\right)^2 = +56{,}25.$$

b) Wenn die gleiche Linsenfolge für rotes und blaues Licht die gleiche Brennweite haben soll, so ergibt sich ν_2 nach (II,78) zu:

$$\nu_2 = \nu_1 \frac{f_1 - e}{e - f_2} = 36 \frac{-100 - 25}{25 - 100} = +60{,}0.$$

Das Beispiel zeigt, daß sich beide Bedingungen nicht mit den gleichen Gläsern erfüllen lassen. Wenn bei einem solchen System Brennweite und Schnittweite von Farbfehlern frei sein sollen, so bleibt oft nur der Weg, jedes Linsenglied einzeln zu achromatisieren. Als Beispiel dafür kann das *Porträtobjektiv von Petzval* gelten (Bild II,64).

Ein bemerkenswerter Sonderfall für die Achromatisierung zweier Sammellinsen aus gleichem Glas ist im Ramsden-Okular zu sehen. Wird in (II,74) $\nu_1 = \nu_2 = \nu$ gesetzt, so ergibt sich eine farbfehlerfreie Brennweite für $e = \dfrac{f_1 + f_2}{2}$.

Es ist zu beachten, daß die beschriebenen Dispersionsformeln nur im achsnahen Gebiet gelten. Für Systeme, die unter größeren Winkeln abbilden oder in die das Licht in größerem Achsabstand eintritt, gelten die Rechnungen nach den Formeln nur als erste Annäherung.

III. Technische Zeichnung optischer Teile

1. Allgemeines

Die technische Zeichnung von Optikteilen nach DIN 3140 enthält Angaben über allgemeine Bemaßung, Beschaffenheit der geschliffenen und polierten Flächen sowie über Art und Reinheit der Gläser. Auch die Nachbehandlung der Gläser durch Lackieren oder Aufbringen von spiegelnden oder reflexmindernden Schichten ist vermerkt (Bild III,1). In DIN 3140 sind für diese Angaben Kurzzeichen oder Sinnbilder vorgesehen (Tafel III,1).

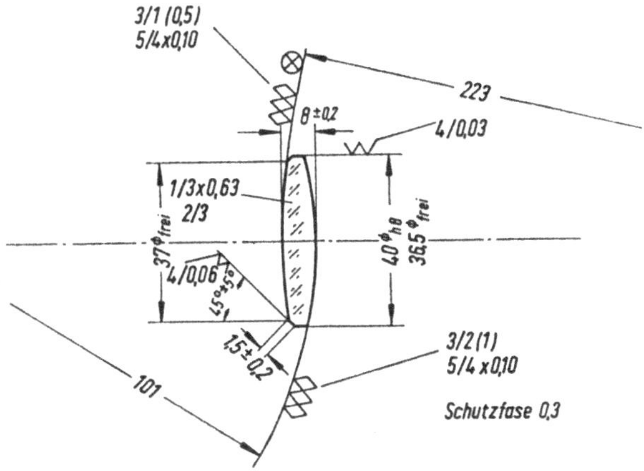

Bild III,1
Technische Zeichnung einer Linse nach DIN 3140 mit vollständigen Toleranzangaben

1.1. Bearbeitungszeichen

Geschliffene (matte) Flächen werden mit oben offenen Winkeln gekennzeichnet. Polierte (blanke) Glasflächen werden mit Rauten gekennzeichnet.

Tafel III,1. Bearbeitungszeichen

1/...	*zulässige Blasen*	ohne Sinnbild	*roh*
2/...	*zulässige Schlieren*	◡	*blank, durchsichtig*
3/...	*zulässige Paßfehler*	V	*geschliffen, grob*
4/...	*zulässige Zentrierfehler*	VV	*geschliffen, mittel*
5/...	*zulässige Oberflächenfehler*	VVV	*geschliffen, fein*
	rückflächenverspiegelt	◇	*poliert, grob*
	durchlässigverspiegelt	◇◇	*poliert, mittel*
	vorderflächenverspiegelt	◇◇◇	*poliert, fein*
⊗	*reflexionsgemindert*	[Maß]	*Rechnungsmaß*

1.2. Werkstofftoleranzen

Für die Toleranzen der spezifisch optischen Eigenschaften der Teile und des Glases sind fünf Kennziffern vorgesehen. Die Kennziffern bezeichnen die Fehlerart, und im Anschluß an die Ziffer wird die zulässige Fehlergröße eingetragen. Hinter Kennziffer 1/ wird die zulässige Anzahl und Größe der Blasen im Glas eingetragen. 1/4 × 0,25 bedeutet, daß die Linse 4 Blasen von je 0,25 mm Durchmesser oder eine entsprechend größere Anzahl kleinerer Blasen enthalten darf. Die Summe der kleineren Blasen darf höchstens die Fläche der vier Blasen mit je 0,25 mm Durchmesser einnehmen.

Hinter Kennziffer 2/ werden zulässige Schlieren eingetragen. Für die einzelnen Schlierenarten sind wieder Ziffern vorgesehen. Es bedeuten:

2/0 keine Schlieren im Schlierenprüfgerät sichtbar
2/1 keine Schlieren an der Hell-Dunkel-Grenze sichtbar
2/2 keine Schlieren im Hellfeld sichtbar
2/3 einzelne Faserschlieren und 1 Fadenschliere zulässig
2/4 einzelne Faserschlieren und bis zu 3 Fadenschlieren zulässig
2/5 bis zu 3 Fadenschlieren und 1 Knotenschliere zulässig
2/6 beliebige Schlieren in beliebiger Anzahl zulässig

1.3. Tolerierung der Arbeitsfehler

Die Kennziffern 1/ und 2/ betreffen die Auswahl des Glases. Dagegen befassen sich die folgenden drei Kennziffern mit Arbeitsfehlern.

Hinter Kennziffer 3/ wird die zulässige Anzahl Interferenzringe bei der Probeglasprüfung (Abschnitt I.3) eingetragen. Die Eintragung 3/4 (1) sagt aus, daß das Probeglas bei der Prüfung der Fläche 4 Interferenzringe zeigen darf, wobei die Ringe (1) einen Ring unrund sein dürfen.

Die Kennziffer 4/ ist für den Zentrierfehler vorgesehen. Hinter ihr wird der Zentrierfehler in mm eingetragen. Die Eintragung 4/0,02 gibt an, daß der Zentrierfehler 0,02 mm betragen darf. Der Zentrierfehler ist der Abstand, um den die optische Achse außerhalb der Linsenmitte liegen darf.

Unter Kennziffer 5/ wird die Sauberkeit der polierten Flächen toleriert. Die Eintragung 5/2 × 0,25 sagt aus, daß die Linsenfläche 2 Unsauberkeiten, z. B. Kratzer oder Schleifporen, von der Flächengröße eines Quadrates mit 0,25 mm Seitenlänge haben darf.

2. Schichten auf optischen Gläsern

2.1. Lackierung

Auf optische Gläser werden nach der Bearbeitung der Flächen und Ränder gelegentlich noch Schichten glasfremder Substanzen aufgetragen.

Breite Linsenränder, vor allem bei Zerstreuungslinsen, werden mit Lack oder Graphit geschwärzt, um Streulicht zu vermeiden. In der Zeichnung wird diese Lackierung durch Bezugshaken vermerkt, z. B. mit der Angabe *schwarz lackiert* (Bild III,2).

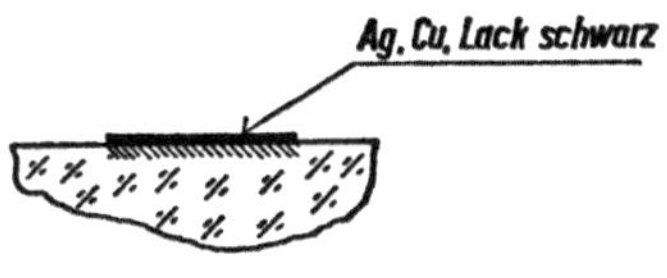

Bild III,2. Rückflächenverspiegelung mit Schutzschichten
Ag Spiegelmetall; Cu Schutzmetall
Lack schwarz, Schutzlack

2.2. Entspiegelung

Auf die polierten Flächen werden meist Entspiegelungsschichten im Hochvakuum aufgedampft. Dies sind dünne Schichten aus Magnesiumfluorid, dessen Brechzahl bei 1,35 liegt. Dadurch wird nach (II,15) die Oberflächenreflexion herabgesetzt. Die Spiegelung an der Trennung zwischen Schicht und Glas wird durch Interferenz für eine Wellenlänge unterdrückt, wenn die Schicht $\lambda/4$ dick ist.

In der Zeichnung werden diese Schichten durch einen an die Fläche angezeichneten Kreuz-Kreis angezeigt (Bild III,1).

2.3. Darstellung der Spiegel

Nach DIN 3140 sind Spiegel auf technischen Zeichnungen durch Schraffur symbolisch darzustellen. Es werden Oberflächenspiegel, Rückflächenspiegel und teildurchlässige Spiegel unterschieden. Allgemein wird das Spiegelmaterial durch Bezugshaken angegeben. Bei Oberflächenverspiegelung ist die Schutzschicht anzugeben und bei teildurchlässigen Spiegeln ist der reflektierte Anteil des Lichtes zu nennen. Ebenso sind bei der Rückflächenverspiegelung die Kupferschutzschicht und der Schutzlack anzugeben (Bilder III,2, III,3 und III,4).

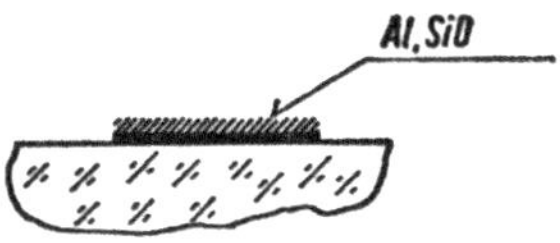

Bild III,3. Vorderflächenverspiegelung mit Schutzschicht
Al Spiegelmetall; SiO Schutzschicht

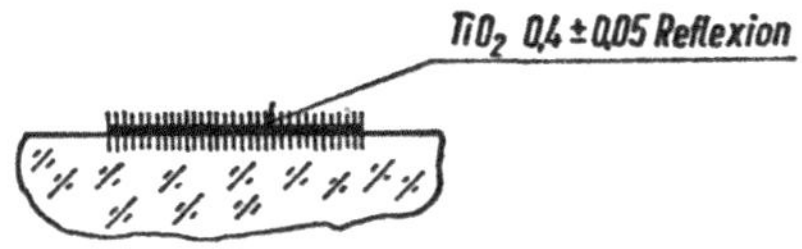

Bild III,4. Teildurchlässige Verspiegelung
TiO_2 Spiegelmaterial

IV. Optische Instrumente

1. Lupen

Lupen sind sammelnde Linsen oder Linsensysteme. Sie bilden Objekte vergrößert und aufrecht ab. Das Bild ist virtuell und liegt, von der Lupe aus gesehen, auf der gleichen Seite wie der Gegenstand (Bild IV,1).

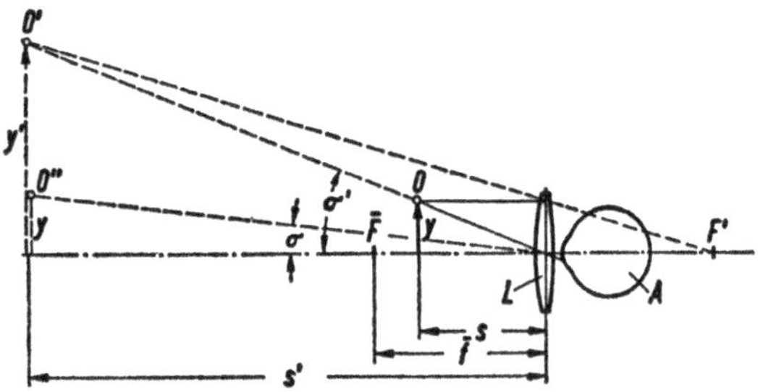

Bild IV,1. Lupenvergrößerung

A	Auge
O	Objektpunkt
O'	Bildpunkt
O''	Objektpunkt, ohne Lupe aus der Bezugssehweite betrachtet
L	Lupe
F, F'	Brennpunkte der Lupe
f	vordere Brennweite der Lupe
s	Abstand der Lupe vom Objekt
s'	Bezugssehweite
y	Objektgröße
y'	Bildgröße
σ	Sehwinkel unter dem das Objekt aus der Bezugssehweite ohne Lupe gesehen würde
σ'	Sehwinkel unter dem das Bild des Objekts durch die Lupe gesehen wird

1.1. Allgemeine Lupenvergrößerung

Die Lupenvergrößerung Γ_L' ist der Quotient aus den Tangens der Achswinkel σ' und σ oder aus Bildgröße y' und Objektgröße y, wenn Bild und Objekt aus dem gleichen Abstand, der Bezugssehweite $s' = 250$ mm betrachtet werden. Da die Schnittweiten s' und s den Größen y' und y proportional sind (II,44), kann die Vergrößerung auch durch die Schnittweiten ausgedrückt werden.

$$\Gamma_L' = \frac{\tan \sigma'}{\tan \sigma} = \frac{y'}{y} = \frac{s'}{s} \qquad \text{(IV,1)}$$

Aus den grundlegenden Gleichungen (IV,1) errechnet sich die Lupenvergrößerung mit (II,56) zu:

$$\Gamma_L' = \frac{s' + f}{f} = \frac{250\,\text{mm} + f}{f} \qquad \text{(IV,2)}$$

f Lupenbrennweite in mm; Γ_L' Lupenvergrößerung; s' gewünschte Sehweite, z. B. 250 mm nach DIN 58 886. Das nach Abschnitt II,1 negative s' wird hier als positiver Zahlenwert verwendet.

1.2. Lupenvergrößerung nach Norm

In der nach DIN 58 383 und 58 886 genormten Formel für Lupenvergrößerung ist das f im Zähler (IV,2) weggelassen. Sie gibt die genaue Vergrößerung, wenn das Objekt im vorderen Brennpunkt F der Lupe steht. Sie gilt nur für kurzbrennweitige Lupen.

$$\Gamma_L' = \frac{250\,\text{mm}}{f} \qquad \text{(IV,3)}$$

Γ_L' Lupenvergrößerung; 250 mm Bezugssehweite nach DIN 58 886; f Lupenbrennweite in mm.

Mit den Vergrößerungszahlen nach (IV,3) werden Lupen und Okulare, die im weiteren Sinne auch Lupen sind, beschriftet, z.B. 10 × = zehnmal vergrößernd.

1.3. Lupe im Abstand vom Auge

Wird eine Lupe im Abstand z vom Auge abgehalten, so ändert sich ihre Vergrößerung (Bild IV,2). Soll dabei das Bild im Abstand a' vor dem Auge entstehen, so ist die Vergrößerung nach (IV,4) zu errechnen.

$$\Gamma_L' = \frac{a' - z + f}{f} \qquad \text{(IV,4)}$$

a' Abstand des Bildes vom Auge in mm; z Abstand der Lupe vom Auge in mm; f Lupenbrennweite in mm.

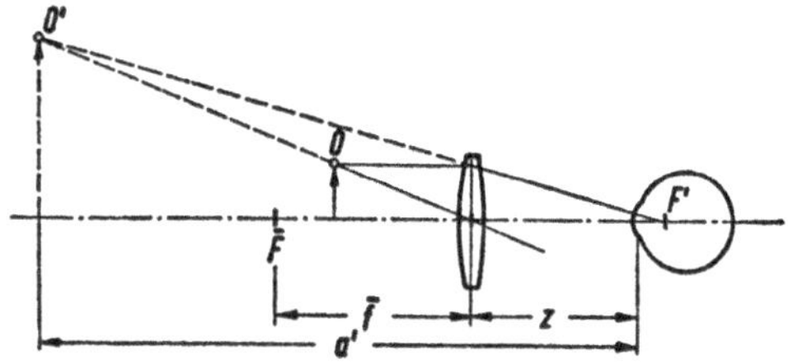

Bild IV,2. Lupe im Abstand z vom Auge
O, O' Objekt- und Bildpunkt
$\bar{f}$ vordere Brennweite
$\bar{F}$, F' Brennpunkte der Lupe
z Abstand zwischen Lupe und Auge
a' Abstand des Lupenbildes vom Auge

1.4. Objektabstand der Lupe

Für eine festeingebaute Lupe wählt man nur in seltenen Fällen den Objektabstand gleich der Lupenbrennweite. Soll die Lupe das Objekt in einem bestimmten Abstand s' vom Auge, etwa $s' = 250$ mm, abbilden, so muß sie in einem entsprechenden Abstand s_0 vor dem Objekt stehen.

$$s_0 = \frac{s' f}{s' + f} \qquad \text{(IV,5)}$$

s_0 Abstand zwischen Objekt und Lupe in mm; s' gewünschte Sehweite in mm; f Lupenbrennweite in mm. (Hierbei alle Größen mit positivem Vorzeichen verwenden.)

Beispiel: Eine Lupe mit der Brennweite $f = 100$ mm soll eine Instrumentenskala im Abstand $s' = 330$ mm abbilden.

In welchem Abstand s_0 von der Skala muß sie montiert werden?

Lösung: Der Abstand s_0 errechnet sich nach (IV,5).

$$s_0 = \frac{s' f}{s' + f} = \frac{330\ \text{mm} \cdot 100\ \text{mm}}{330\ \text{mm} + 100\ \text{mm}} = 76{,}7\ \text{mm}.$$

Der Abstand s_0 zwischen Skala und objektseitigem Hauptpunkt der Lupenlinse beträgt 76,7 mm.

1.5. Lupe mit telezentrischem Strahlengang

Für Meßlupen wird telezentrischer Strahlengang bevorzugt (Bild IV,3). Das Objekt, z. B. ein 1/10-mm-Maßstab, steht in der vorderen Brennebene F der Lupe, und das Auge sieht durch eine Blende, die im hinteren Brennpunkt F' angeordnet ist. Der Maßstab der Lupe wird auf das zu messende Werkstück gesetzt.

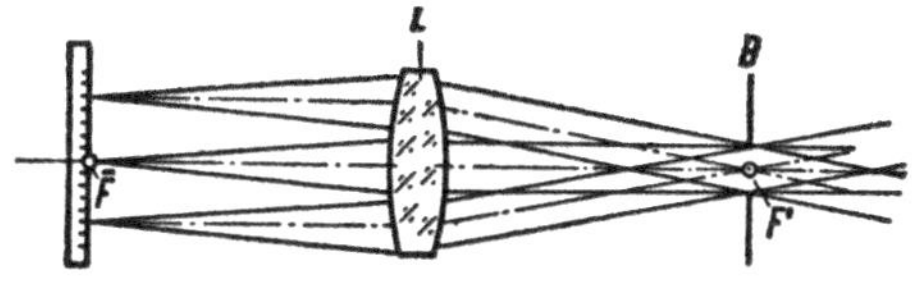

Bild IV,3. Lupe mit telezentrischem Strahlengang
L Lupe
$\bar{F}$, F' Brennpunkte
B Blende und Augenort

Liegen Werkstück und Maßstab nicht genau aufeinander, so wird bei dieser Anordnung Maßstab oder Werkstück unscharf. Durch den achsparallelen — telezentrischen — Verlauf der Hauptstrahlen bleibt jedoch die Vergrößerung erhalten, und es wird das richtige Maß abgelesen.

Bei telezentrisch angeordneten Lupen ist die Vergrößerung $\Gamma_L' = 250\,\text{mm}/f$.

2. Okulare

Okulare sind die augenseitigen Linsensysteme in Mikroskopen und Fernrohren. Die hier beschriebenen Okulare sind sammelnde Systeme, die aus Kollektiv-[1]) und Augenlinse bestehen. Sammelnde Einzellinsen würden die Austrittspupille weit hinter der Augenlinse abbilden. Mit der Linse könnte auch nur ein kleines Gesichtsfeld überblickt werden, weil der Durchmesser dieser kurzbrennweitigen Linse nicht groß gemacht werden kann und deshalb viele Strahlen am Rand der Linse vorbei gingen. Das Okular hat deshalb eine Kollektivlinse, die in der Nähe des vom Objektiv erzeugten reellen Bildes steht. Sie hat wenig Einfluß auf Lage und Größe des Bildes und beeinflußt nur die Lage der Austrittspupille. Man kann ihre Wirkung auch so auffassen, daß sie die vom Objektiv kommenden Strahlen der Augenlinse zulenkt wie, allerdings unvollkommen, eine lichtzerstreuende Mattscheibe.

Gebräuchlich sind das Huygens-Okular (Bild IV,4) und das Ramsden-Okular (Bild IV,5). Beim Kellner-Okular (Bild IV,6) ist die Augenlinse verkittet. Dadurch werden Farbfehler, Bildfeldwölbung und Verzeichnung gegenüber dem Ramsden-Okular verbessert.

Okulare werden so konstruiert, daß mit ihnen ein möglichst großer Bildwinkel überblickt werden kann, oder es werden unvermeidliche Objektivfehler mit dem Okular kompensiert.

Die Vergrößerung der Okulare errechnet sich nach (IV,3). Der Gesichtswinkel ist der Winkel, unter dem die Gesichtsfeldblende des Okulars von der Mitte der Austrittspupille aus gesehen wird. Er beträgt bei einfachen Okularen 25° bis 40°, bei Weitwinkelokularen bis 70°.

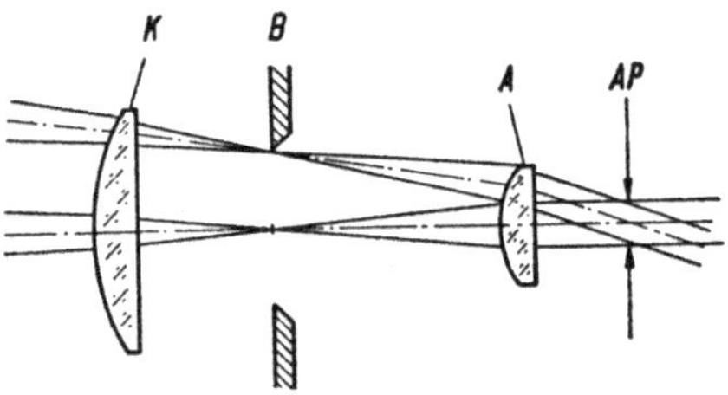

Bild IV,4. Huygens-Okular

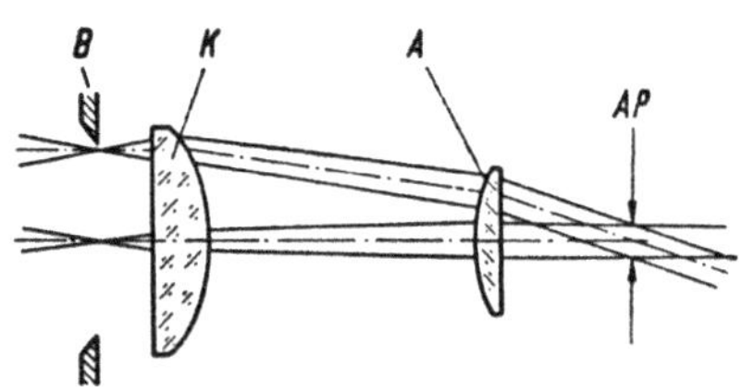

Bild IV,5. Ramsden-Okular

K Kollektivlinse; *A* Augenlinse; *B* Blende; *AP* Austrittspupille

Der Durchmesser der Gesichtsfeldblende ist durch die nach dem Rande zunehmenden Abbildungsfehler begrenzt. Er darf nur so groß sein, daß das Gesichtsfeld von störenden Abbildungsfehlern frei bleibt.

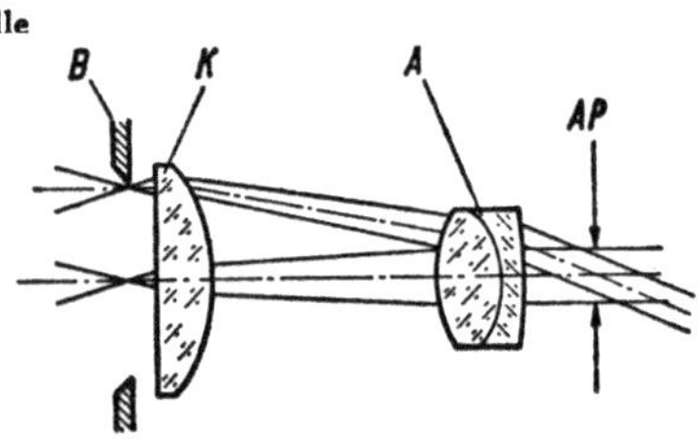

Bild IV,6. Kellner-Okular

1) Kollektivlinse = Feldlinse.

3. Mikroskop

Mit Mikroskopen werden nahe Objekte stark vergrößert betrachtet oder photographiert.

3.1. Vergrößerung

Die Vergrößerung wird beim Mikroskop in zwei Stufen erreicht. Das Objekt, meist Präparat genannt, wird vom Objektiv 5 bis 100mal vergrößert, reell abgebildet. Dieses Zwischenbild sieht man durch das Okular wiederum wie mit einer Lupe vergrößert (Bild IV,7). Die Gesamtvergrößerung Γ'_{M} des Mikroskopes ist deshalb:

$$\Gamma'_{\mathrm{M}} = \Gamma'_{\mathrm{Ob}}\,\Gamma'_{\mathrm{Ok}} \qquad \text{(IV,6)}$$

Γ'_{M} Mikroskopvergrößerung; Γ'_{Ob} Objektivvergrößerung; Γ'_{Ok} Okularvergrößerung.

Die Objektivvergrößerung ist der Abbildungsmaßstab nach (II,44). Die Okularvergrößerung ist die Lupenvergrößerung des Okulars nach (IV,3).

Beispiel: Ein Mikroskop ist mit einem 40mal vergrößernden Objektiv und einem 10mal vergrößernden Okular ausgerüstet. Wievielmal vergrößert das Gerät?

Lösung: Nach (IV,6) ergibt sich die Mikroskopvergrößerung Γ'_{M} als Produkt aus Objektivvergrößerung mal Okularvergrößerung.

$\Gamma'_{\mathrm{M}} = \Gamma'_{\mathrm{Ob}}\,\Gamma'_{\mathrm{Ok}} = 40 \cdot 10 = 400.$

Das Mikroskop vergrößert 400mal.

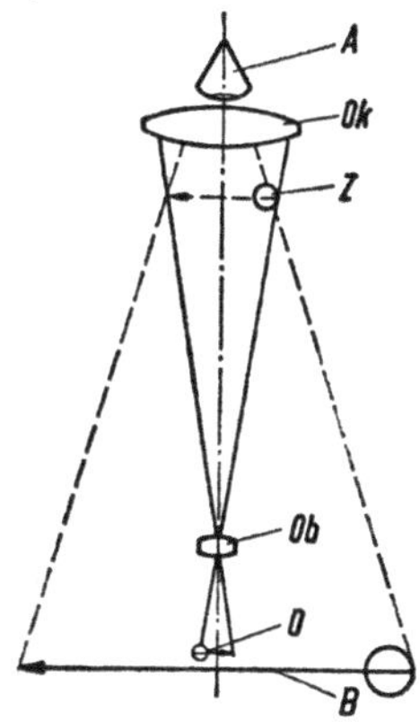

Bild IV,7. Mikroskopische Abbildung
O Objekt (Präparat); *Ob* Objektiv; *Ok* Okular; *A* Auge; *Z* reelles Zwischenbild; *B* virtuelles, vergrößertes Bild

Die Eigenvergrößerungen sind auf die Objektive und Okulare graviert, so daß die Gesamtvergrößerung jeder Objektiv-Okular-Kombination leicht errechnet werden kann. Damit die auf das Mikroskopobjektiv gravierte Vergrößerung konstant bleibt, ist sie einer optischen Tubuslänge zugeordnet. Die optische Tubuslänge t ist das Maß zwischen bildseitigem Brennpunkt des Objektivs und zugekehrtem Brennpunkt des Okulars, d. h., dem Ort des reellen Zwischenbildes. Sie ist identisch mit der letzten Schnittweite z' in (II,58). Auch mit der optischen Tubuslänge t und den Brennweiten von Objektiv und Okular kann die Vergrößerung des Mikroskopes errechnet werden.

$$\Gamma'_{\mathrm{M}} = \frac{250\ \mathrm{mm}\ t}{f_{\mathrm{Ob}}\,f_{\mathrm{Ok}}} \qquad \text{(IV,7)}$$

Γ'_{M} Mikroskopvergrößerung; t optische Tubuslänge in mm; f_{Ob}, f_{Ok} Brennweiten von Objektiv und Okular in mm.

Die optische Tubuslänge ist jedoch bei den Geräten unterschiedlich groß und nur dem Hersteller genau bekannt.

3.2. Technische Maße

Technische Maße am Mikroskop sind die mechanische Tubuslänge, der Abstand zwischen Objektiv- und Okularauflage und die Abgleichlänge, der Abstand zwischen Objektivauflage und Objekt (Bild IV,8). Sie werden für die Standardgrößen der

Mikroskope von den Herstellern gleich groß gehalten, damit Objektive und Okulare ausgetauscht werden können. Der Rohrdurchmesser der Okulare ist mit 23,5 mm nach DIN 58 881 genormt.

Der Arbeitsabstand ist das Maß zwischen Objekt-Deckglas und erster Objektivfläche. Er ist bei schwachen Objektivvergrößerungen groß und beträgt bei starken Objektiven nur einige $^1/_{10}$ mm. Die Deckgläser, mit denen die Präparate abgedeckt werden, sind 0,17 mm dick. Sie werden bei der Konstruktion starker Objektive in die Rechnung einbezogen.

In Mikroskopen werden meist Huygens-Okulare verwendet. Nur für Okulare mit Strichplatte wird das Ramsden-Okular bevorzugt.

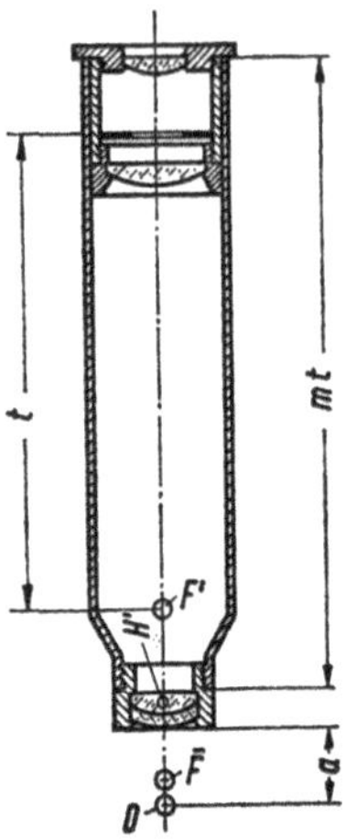

Bild IV,8. Technische Maße am Mikroskop

F, F' Brennpunkt des Objektivs
a Arbeitsabstand
mt mechanische Tubuslänge
t optische Tubuslänge, Abstand zwischen hinterem Brennpunkt des Objektivs und Zwischenbild

3.3. Auflösungsvermögen

Die mit stark vergrößernden Mikroskopen gesehenen Einzelheiten sind etwa ebenso groß wie die Wellenlängen des Lichtes. Die Bilderzeugung im Mikroskop kann deshalb mit rein geometrischen Mitteln nicht mehr erklärt werden. Hier müssen die in Wirklichkeit bei jeder Abbildung wirksamen Beugungsvorgänge beachtet werden. Die Beugungstheorie sagt aus, daß die ersten beiden Beugungsmaxima (Bild I,3) in das Objektiv fallen müssen, damit zwei Punkte im Abstand b noch als zwei Punkte abgebildet werden. Die Vergrößerung des Mikroskopes ist dadurch begrenzt. Das Auflösungsvermögen ergibt sich aus der Wellenlänge λ des Lichtes und dem Winkel σ, der aus Arbeitsabstand und dem halben Objektivdurchmesser gebildet wird. Dazu kommt noch die Brechzahl n im Objektraum, weil sich die Wellenlänge des Lichtes mit der Brechzahl verändert.

$$b = \frac{\lambda}{n \sin \sigma} = \frac{\lambda}{A} \qquad \text{(IV,8)}$$

b Abstand zweier Objektpunkte (Auflösungsgrenze) in mm; λ Wellenlänge des Lichtes in mm; n Brechzahl im Objektraum; σ Achswinkel in °; A Numerische Apertur.

Der Wert $n \sin \sigma$ wird nach Abbe *Numerische Apertur* genannt und mit A bezeichnet. Die Größe der Numerischen Apertur ist auf die Objektive aufgraviert.

Wie (IV,8) zeigt, kann die Auflösung durch Verwendung kurzwelligen Lichtes gesteigert werden. Dies führte zur Entwicklung der Ultraviolett-Mikroskopie, wobei die Bilder fotografisch festgehalten werden.

Bei Immersionsobjektiven wird die Brechzahl im Objektraum durch einen Tropfen Immersionsflüssigkeit gesteigert. Dadurch wird die Numerische Apertur größer und das Auflösungsvermögen steigt. Die Objektive sind für die besondere Anwendung berechnet, und es wird bei Gebrauch zwischen Deckglas und Objektiv ein Tropfen Zedernoel ($n = 1{,}515$) oder Wasser ($n = 1{,}33$) gebracht (Bild IV,9). Die Art der Immersionsflüssigkeit ist auf den Objektiven vermerkt. Die höchsten ausführbaren Aperturen sind:

Trockensysteme	$A = 0{,}95$
Wasserimmersion	$A = 1{,}20$
Ölimmersion	$A = 1{,}40$

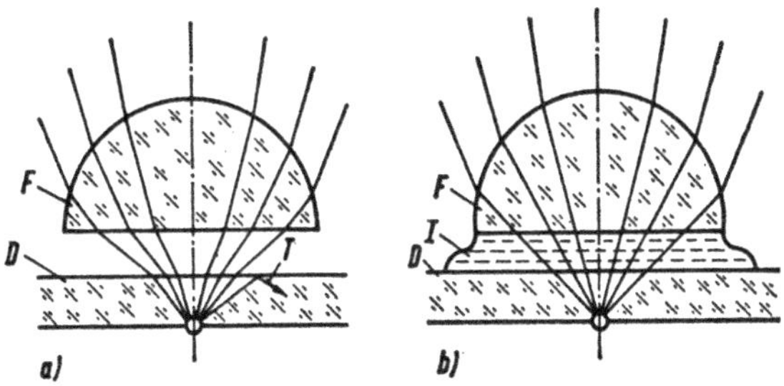

Bild IV,9. Lichtweg durch Deckglas und Frontlinse
a) Trockensystem; b) Immersionssystem
F Frontlinse (erste Linse im Mikroskopobjektiv)
D Deckglas
I Immersionsflüssigkeit
T am Deckglas totalreflektierter Strahl

Die höchste Vergrößerung, die noch weitere Einzelheiten im Objekt erkennen läßt, heißt förderliche Vergrößerung. Sie ist für Mikroskope gleich dem Tausendfachen der Apertur. Stärkere Vergrößerungen werden als leere Vergrößerungen bezeichnet, weil sie keine kleineren Strukturen im Objekt erkennen lassen.

3.4. Objektbeleuchtung

Die mikroskopischen Präparate müssen mit einem Strahlenkegel beleuchtet werden, der die gleiche Apertur hat wie das Mikroskopobjektiv. Hierzu dient der Kondensor, der unter dem Mikroskoptisch angebracht ist (Bild IV,10).

Feine Strukturen in einem Präparat werden oft durch das Licht des Kondensors überstrahlt und dadurch nicht mehr gesehen. Hier wird der Dunkelfeldkondensor verwendet, der das Objekt nur seitlich beleuchtet, so daß kein direktes Licht in das Mikroskop fällt (Bild IV,11). Das Objekt wird dann hell auf dunklem Grund gesehen.

Den vielseitigen Anforderungen der Objektbeleuchtung im Mikroskop wird am besten die Köhlersche Mikroskopbeleuchtung gerecht (Bild IV,12). Sie besteht aus zwei sammelnden Linsengliedern, dem Kollektor und dem Kondensor. Der Kollektor bildet die

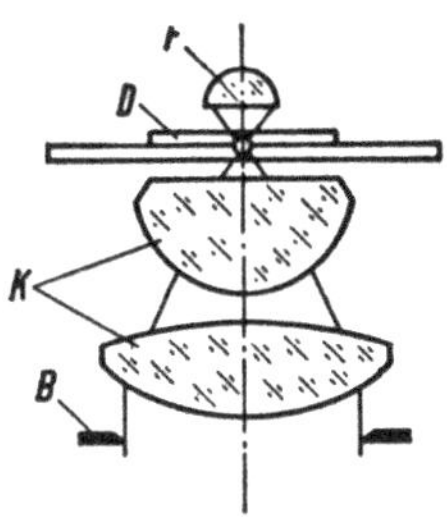

Bild IV,10
Hellfeldkondensor
B Blende
K Kondensorlinsen
D Deckglas
F Frontlinse des Mikroskopobjektivs

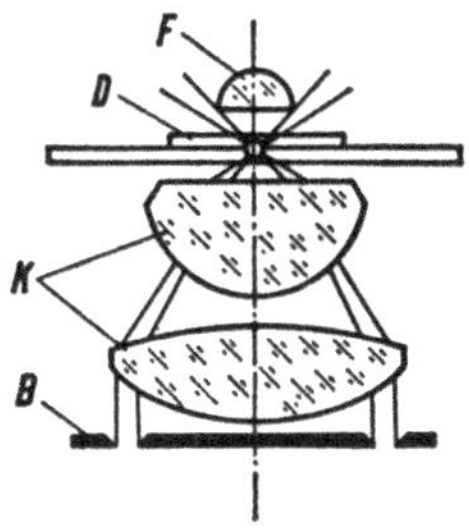

Bild IV,11
Dunkelfeldkondensor
B Dunkelfeldblende
K Kondensorlinsen
D Deckglas
F Frontlinse des Mikroskopobjektivs

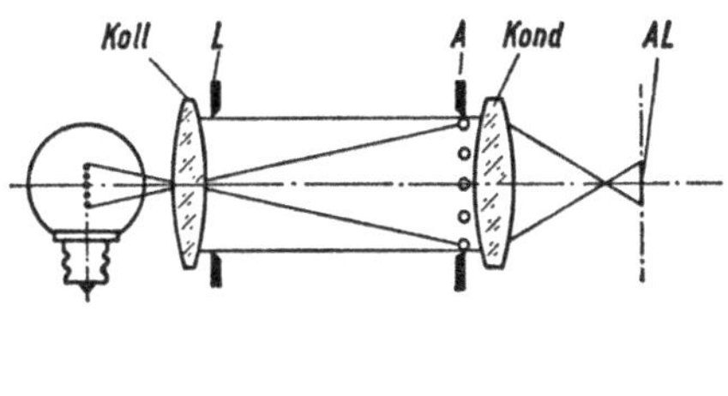

Bild IV,12. Köhlersche Mikroskopbeleuchtung
Koll Kollektorlinse
Kond Kondensorlinse
L Leuchtfeldblende
A Aperturblende
AL Austrittsluke, Ort des beleuchteten Präparats

Wendel einer Glühlampe am Kondensor ab, und der Kondensor bildet die hell erleuchtete Öffnung des Kollektors im Objektträger des Mikroskopes ab. Eine Blende am Kollektor begrenzt das Leuchtfeld und verkleinert den Lichtfleck im Objektträger. Eine Blende am Kondensor verringert die Lichtmenge und macht den Lichtfleck dunkler.

Undurchsichtige Objekte werden mit Auflicht beleuchtet. Dabei kann für schwache Vergrößerungen, bei denen der Arbeitsabstand groß ist, das Licht durch eine seitlich aufgesetzte Lampe zugeführt werden. Bei starken Objektiven wird das Licht in den Tubus eingeführt und fällt durch das Objektiv auf das Präparat.

4. Fernrohre

Das Fernrohr läßt ferne Gegenstände unter einem vergrößerten Gesichtswinkel sehen. Es vermittelt dadurch den Eindruck, als ob die Gegenstände näher gerückt oder vergrößert sind. Fernrohre werden visuell benutzt, man sieht durch sie hindurch. Nur mit astronomischen Fernrohren wird auch photographiert, sie können dann auch als Spezialkameras betrachtet werden.

4.1. Erklärung der Funktion

Die Wirkungsweise der Fernrohre wird hier am Kepplerschen Fernrohr gezeigt (Bild IV,13). Das Gerät ist aus zwei sammelnden Gliedern, dem Objektiv und dem Okular, zusammengesetzt. Beide stehen im Abstand ihrer Brennweiten.

$$e = f_{\mathrm{Ob}} + f_{\mathrm{Ok}} \qquad \text{(IV,9)}$$

e Abstand zwischen den einander zugewandten Hauptpunkten in mm; f_{Ob} Objektivbrennweite in mm; f_{Ok} Okularbrennweite in mm.

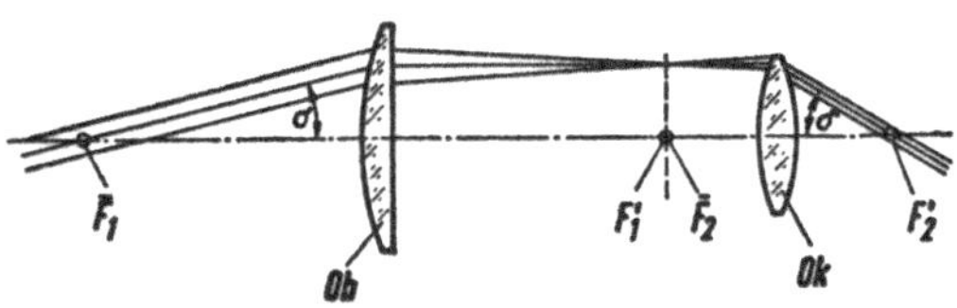

Bild IV,13. Funktionserklärung am Kepplerschen Fernrohr
Ob Objektiv
Ok Okular
F_1, F_1' Objektivbrennpunkte
F_2, F_2' Okularbrennpunkte
σ, σ' Strahlenneigungswinkel gegen die Achse

Ein paralleles Strahlenbündel, dessen Hauptstrahl durch den vorderen Brennpunkt des Objektivs geht, ist unter dem Winkel σ gegen die optische Achse geneigt. Nach der Brechung durch das Objektiv verläuft der Hauptstrahl achsparallel, und die umgebenden Strahlen bilden in der Brennebene einen Bildpunkt. Der achsparallel weiterlaufende Hauptstrahl wird danach vom Okular gebrochen und geht durch den hinteren Brennpunkt des Okulars; er schließt dann mit der Achse den Winkel σ' ein. Die Winkel σ und σ' haben beim Kepplerschen Fernrohr entgegengesetztes Vorzeichen und das betrachtete Objekt wird höhen- und seitenverkehrt abgebildet. Da das Fernrohr nach (II,59) keine Brennweite hat, wird es als *afokales System* bezeichnet.

4.2. Fernrohrvergrößerung

Die Fernrohrvergrößerung Γ'_{F} ist gleich dem Quotienten aus den Tangens der Achswinkel σ' und σ (IV,10).

$$\Gamma'_{\mathrm{F}} = \frac{\tan \sigma'}{\tan \sigma} \qquad \text{(IV,10)} \qquad\qquad \Gamma'_{\mathrm{F}} = -\frac{f_{\mathrm{Ob}}}{f_{\mathrm{Ok}}} \qquad \text{(IV,11)}$$

Γ'_{F} Fernrohrvergrößerung; f_{Ob} Objektivbrennweite und f_{Ok} Okularbrennweite in mm.

Wegen $\tan \sigma = h/f_{\mathrm{Ob}}$ und $\tan \sigma' = h/f_{\mathrm{Ok}}$ kann (IV,10) auch als Quotient der Brennweiten geschrieben werden (IV,11).

4.3. Auflösung

Die förderliche Vergrößerung des Fernrohres ist durch wellenoptische Vorgänge begrenzt. Werden die Ergebnisse der Lichtbeugung mit dem Auflösungsvermögen des Auges zusammengefaßt, so führt dies zu einer Faustregel. Sie besagt, daß die höchste förderliche Vergrößerung gleich dem Öffnungsdurchmesser des Fernrohres, gemessen in Millimetern ist. Ein Fernrohr mit einem Objektiv von 50 mm Durchmesser wird bei Vergrößerungen über 50mal keine feineren Struktureinzelheiten mehr zeigen. Wegen der geforderten Bildhelligkeit wird dieser Wert bei Erdfernrohren nicht ausgenutzt.

Weil bei astronomischen Fernrohren nur die vom Objektiv geleistete Winkelauflösung interessiert, wird als Leistungsmaß nur der Objektivdurchmesser oder der Durchmesser des Spiegels genannt und auf Angabe der Vergrößerung verzichtet. Es ist $\gamma = 1{,}22\,\lambda/d$, wobei γ der Winkel ist, unter dem zwei benachbarte Sterne noch gesehen werden, λ die Wellenlänge des Lichtes und d der Durchmesser des Fernrohrobjektivs oder -spiegels.

Beispiel: Ein Fernrohr hat $d = 100$ mm Objektivdurchmesser. Es wird bei Licht mit $\lambda = 5 \cdot 10^{-4}$ mm benutzt. Der kleinste noch aufgelöste Winkel ist:

$$\gamma = 1{,}22\,\frac{\lambda}{d} = 1{,}22\,\frac{5 \cdot 10^{-4}}{10^2} = 6{,}1 \cdot 10^{-6}$$

Das entspricht einem Winkel $\gamma = 1{,}2''$. Das Auge kann jedoch zwei Punkte nur dann gut sehen, wenn sie ihm unter dem Winkel $2'$ dargeboten werden. Das Fernrohr sollte deshalb etwa 100mal vergrößern.

4.4. Pupillen

Die Eintrittspupille *EP* ist die Linsenfläche des Objektivs. Die *EP* wird vom Okular als Austrittspupille *AP* abgebildet (Bild IV,14). Durch die Kollektivlinse im

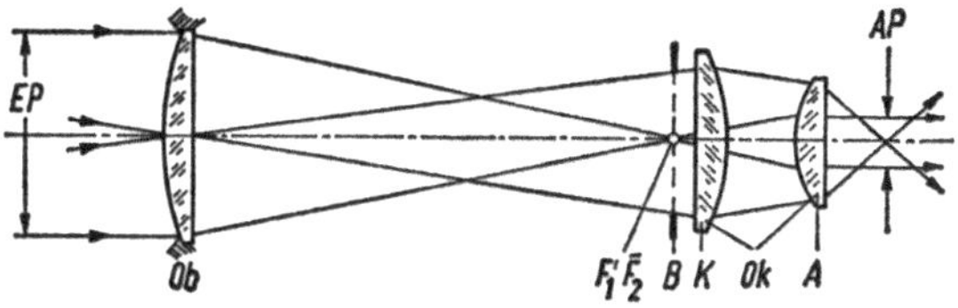

Bild IV,14. Pupillen am Fernrohr
EP Eintrittspupille
AP Austrittspupille
Ob Objektiv
Ok Okular
K Kollektivlinse
A Augenlinse
B Gesichtsfeldblende

Okular kann die Lage der Austrittspupille in weiten Grenzen variiert werden. Die Durchmesser der Pupillen verhalten sich wie die Brennweiten von Objektiv und Okular, also nach (IV,11), auch wie die Fernrohrvergrößerung Γ_F' (IV,12).

$$\Gamma_F' = \frac{EP}{AP} \qquad \text{(IV,12)}$$

Γ_F' Fernrohrvergrößerung; *EP* Durchmesser der Eintrittspupille in mm; *AP* Durchmesser der Austrittspupille in mm.

4.5. Gesichtsfeld

Das Gesichtsfeld ist, durch die in der gemeinsamen Brennebene von Objektiv und Okular angeordnete Gesichtsfeldblende, scharf begrenzt. Der halbe objektseitige Gesichtswinkel ergibt sich aus halbem Blendendurchmesser $b/2$ und der Objektivbrennweite f_{Ob}.

$$\tan\sigma = \frac{b}{2 f_{Ob}} \qquad \text{(IV,13)}$$

σ halber Gesichtswinkel in °; b Blendendurchmesser mm; f_{Ob} Objektivbrennweite mm.

Der Gesichtswinkel, der sich dem betrachtenden Auge von der Mitte der Austrittspupille aus bietet, ist der bildseitige oder scheinbare Gesichtswinkel σ'. Er unterscheidet sich von dem objektseitigen um den Faktor der Fernrohrvergrößerung (IV,14).

$$\tan \sigma' = \Gamma'_F \frac{b}{2 f_{Ob}} \qquad \text{(IV,14)}$$

Für Handfernrohre wird das objektseitige Gesichtsfeld als übersehbare Objektbreite bei 1000 m Abstand angegeben, z. B. 160 m auf 1000 m Entfernung. Weil der Bogen von 1° bei Radius 1000 m = 17,5 m lang ist, kann man von der übersehbaren Objektbreite leicht auf den Gesichtswinkel schließen. Er ist in dem hier genannten Falle:

$$2\sigma = 160\,\text{m} : 17{,}5\,\text{m} = 9{,}15°.$$

4.6. Erdfernrohre (terrestrische Fernrohre)

Das höhen- und seitenverkehrte Bild des Kepplerschen Fernrohres wird in Fernrohren zur Betrachtung von Erdzielen mit Linsen oder spiegelnden Prismen aufgerichtet.

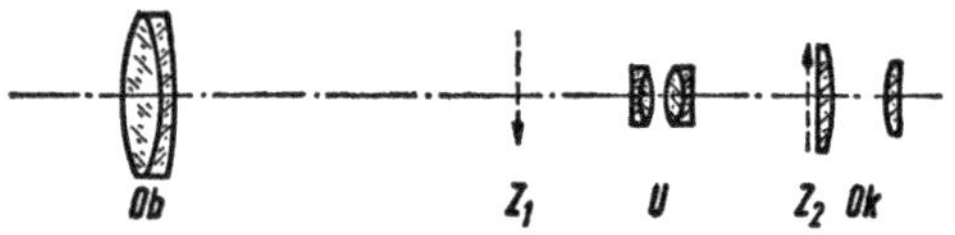

Bild IV,15. Fernrohr mit Umkehrsystem
Ob Objektiv
Ok Okular
U Umkehrsystem
Z_1, Z_2 reelle Zwischenbilder

Linsenaufrichtungssysteme werden meist in Zielfernrohren verwendet. Gewehrlauf und Fernrohr liegen dabei dicht beieinander. Das Aufrichtesystem bildet das vom Objektiv erzeugte reelle Bild wieder reell ab und richtet es dabei auf (Bild IV,15). Es kann das Bild in gleicher Größe oder auch vergrößert wiedergeben. Auch veränderliche Vergrößerung ist möglich. Oft ist das bildaufrichtende Linsenglied mit den folgenden Linsen zu einem bildaufrichtenden Okular zusammengefaßt.

4.7. Prismenfernrohre

Die Fernrohre zum beidäugigen Sehen sind mit bildaufrichtenden Prismen ausgerüstet. Am gebräuchlichsten ist der Porro-Prismensatz, der aus zwei Halbwürfelprismen besteht (Bild IV,16). Auch Dachkantprismen werden verwendet, von denen es auch für schrägen Einblick vorteilhafte Formen gibt.

Der Lichtweg durch die Prismen wirkt wie die Durchdringung einer dicken, planparallelen Glasplatte. Der Glasweg verändert die Länge des Gerätes (II,25) und wird bei Berechnung der Fernrohrobjektive auch in bezug auf die Dispersion berücksichtigt (II,27).

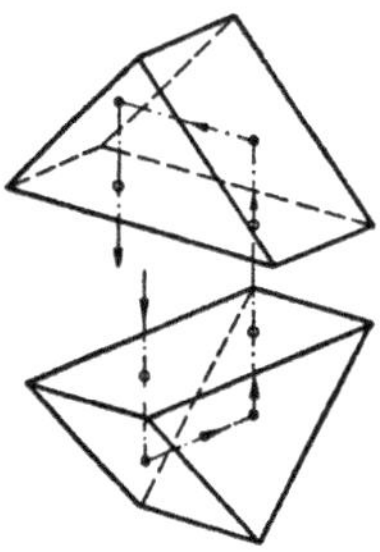

Bild IV,16. Porroprismensatz zur Bildaufrichtung im Prismenfernrohr

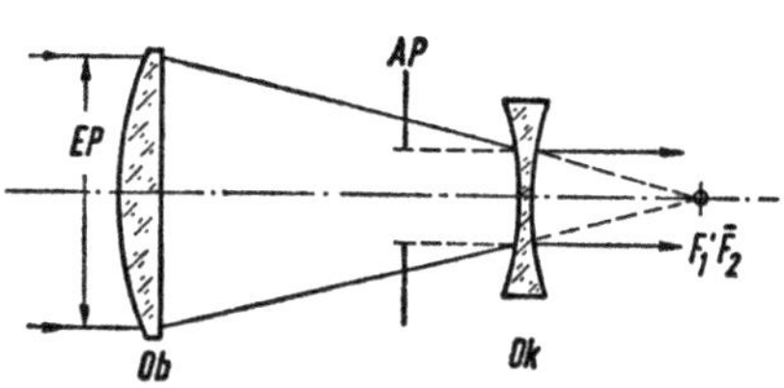

Bild IV,17. Holländisches oder Galilei-Fernrohr
EP Eintrittspupille; *AP* Austrittspupille; *Ob* Objektiv; *Ok* Okular; F_1', $\bar{F}_2$ Brennpunkte von Objektiv und Okular

4.8. Holländisches Fernrohr

Das Holländische Fernrohr hat als Okular eine Zerstreuungslinse (Bild IV,17). Auch bei diesem Fernrohr fallen hinterer Brennpunkt F_{Ob} und Okularbrennpunkt F_{Ok} zusammen. und es gelten die Gleichungen (IV,9...IV,12). Wegen der negativen Brennweite des Okulars verkürzt sich nach (IV,9) der Abstand e zwischen Objektiv und Okular, und die Vergrößerung wird nach (IV,11) positiv. Man sieht also ein aufrechtes Bild. Es hat ein verkittetes Objektiv und sein Okular ist eine Einzellinse. Beide sind miteinander nach (II,70) und (II,78) achromatisiert.

Die Austrittspupille ist beim Holländischen Fernrohr virtuell. Sie liegt im Gerät, und das Auge kann nicht in die Austrittspupille gebracht werden. Ihre Lage und Größe lassen sich nach (II,44 und II,56) errechnen. Durch ihre Lage wirkt die Austrittspupille gleichzeitig als unscharf begrenzte Gesichtsfeldblende, die das Bild zum Rand hin dunkler werden läßt. Die Gleichung für das objektseitige Gesichtsfeld liefert deshalb nur einen mittleren Wert.

$$\tan \sigma \approx \frac{EP}{2\Gamma'_F\,(a\Gamma'_F + e)} \qquad \text{(IV,15)}$$

σ halber objektseitiger Gesichtswinkel in °; EP Objektivdurchmesser in mm; Γ'_F Fernrohrvergrößerung; a Abstand zwischen Okularlinse und Auge in mm; e Abstand zwischen Objektiv und Okular in mm.

Das Holländische Fernrohr wird meist für schwach vergrößernde Theatergläser und Fernrohrbrillen verwandt. Es dient auch als Vorsatz vor Kameras und mit zylindrischen Flächen als Anamorphot in der Kinotechnik.

4.9. Leistungsangaben für Handfernrohre

Auf Handfernrohren ist die Vergrößerung und der Objektivdurchmesser eingraviert, z. B. 8 × 40. Dabei ist $\Gamma'_F = 8\times$ die Vergrößerung und $EP = 40$ mm der Objektivdurchmesser.

Die Helligkeit H des Fernrohres ist das Quadrat vom Durchmesser der Austrittspupille multipliziert mit der Lichtdurchlässigkeit τ des Gerätes, einem Wert kleiner als Eins.

$$H = AP^2\tau \qquad \text{(IV,16)}$$

Die Helligkeitsangabe ist nur dann voll wirksam, wenn die AP nicht größer als die Augenpupille ist, wobei allerdings eine große AP angenehm im Gebrauch ist.

Daneben wird noch ein empirisch gefundener Wert für die Dämmerungsleistung D der Fernrohre verwendet (IV,17).

$$D = \sqrt{\Gamma'_F\, EP} \qquad \text{(IV,17)}$$

5. Projektoren

Mit Projektoren werden Bilder einem größeren Personenkreis gleichzeitig sichtbar gemacht. Am häufigsten werden Durchlichtprojektoren (Diaskope) verwendet (Bild IV,18). Mit ihnen werden transparente Bilder, meist photographische Diapositive, projiziert.

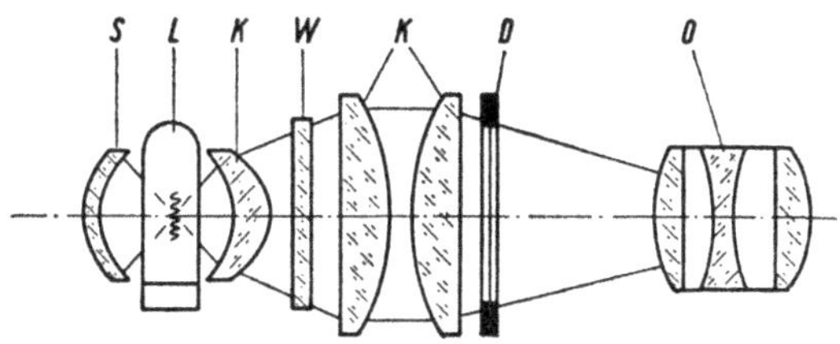

Bild IV,18. Durchlichtprojektor

S Hohlspiegel
L Projektionsglühlampe
K Kondensorlinsen
W Wärmeschutzfilter
D Diapositiv (Bildbühne)
O Objektiv

5.1. Wirkungsweise der Diaskope

Die Lichtquelle des Projektors leuchtet über Kondensor und Objektiv den Bildschirm gleichmäßig aus. Ein, wenig außerhalb der Brennebene des Objektives eingeschobenes Diapositiv, absorbiert Teile des Lichtes und transmittiert (läßt durch) den Rest. Die das Licht durchlassenden Flächen des Dias, sowie die Abstufungen und Übergänge, werden vom Objektiv auf den Bildschirm abgebildet.

5.2. Lichtquellen

Als Lichtquelle dient für hohe Leistungen die Kohlebogenlampe oder die Xenon-Höchstdrucklampe. Für die weitaus meisten Fälle werden jedoch Projektions-Glühlampen verwendet. Günstig sind Jod-Quarz-Lampen, die mit hoher Farbtemperatur leuchten.

Die Glühwendel der Projektionslampen liegen in einer Ebene und sind annähernd quadratisch angeordnet. Das nach hinten abgestrahlte Licht wird von einem Kugelhohlspiegel aufgefangen, der die Wendel in gleicher Größe in die Wendelfläche zurück abbildet. Dabei wird der Spiegel so justiert, daß er die Wendelbilder zwischen die Wendel einspiegelt.

5.3. Kondensor

Der Kondensor leitet das Licht, das die Ränder des Diapositivs beleuchtet, ins Projektionsobjektiv. Dazu bildet er die Lampenwendel vor das Projektionsobjektiv ab. Damit hierbei kein Licht verloren geht, soll das Wendelbild nicht größer als die Objektivlinsen sein. Das Bild der Wendel wirkt so wie die Wendel selbst und beleuchtet den Bildschirm.

Der Winkel 2σ des Strahlenkegels zum Bildschirm ergibt sich mit genügender Annäherung aus dem Format des Diapositives und der Brennweite des Projektionsobjektives.

$$\tan \sigma = \frac{\text{halbe Diagonale des Diapositives}}{\text{Brennweite des Projektionsobjektives}} \qquad \text{(IV,18)}$$

Damit der Kondensor das Diapositiv voll ausleuchtet, müssen seine Linsen einen entsprechend großen Durchmesser haben. Für die Berechnung der Linsendurchmesser nimmt man an, daß alle Ränder der Kondensorlinsen von den nachfolgenden Linsen und vom Objektiv als Luken in den Raum zwischen Objektiv und Bildschirm abgebildet werden. Dabei dürfen sie den vom Objektiv ausgehenden Strahlenkegel nicht einengen. Der Ort der Luken kann nach (II,56) und ihr Durchmesser nach (II,44) errechnet werden. Die Rechnung mit diesen Gleichungen für achsnahe Strahlen liefert Näherungswerte, die durch Nachrechnung mit den Gleichungen (II,36) oder durch Versuch bestätigt werden müssen.

Kondensoren werden meist als zwei- oder dreilinsige Systeme ausgeführt. Die Grundformen unterscheiden sich durch die an der Lampe anstehende Linse. Diese hat beim aplanatischen Kondensor geringe, beim Kondensor mit asphärischer Lampenlinse hohe Brechkraft.

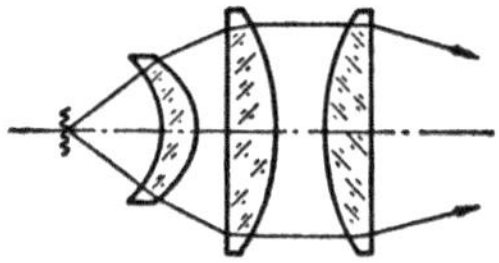

Bild IV,19. Aplanatischer Kondensor

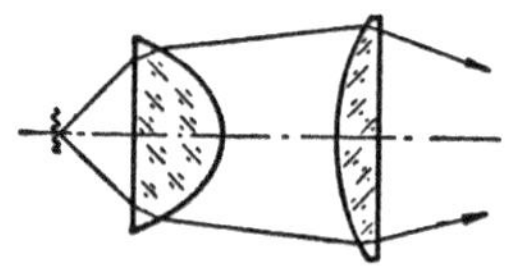

Bild IV,20. Asphärischer Kondensor

Wegen der großen Strahlenneigung (große Winkel σ) hat der aplanatische Kondensor (Bild IV,19) an der Lampe eine aplanatische oder annähernd aplanatische Linse nach (II,65). Die beiden planerhabenen Linsen in der Nähe des Bildfensters haben starke Brechkraft und wirken in bezug auf den Strahlengang symmetrisch. Dieses Kondensorsystem bildet die Lampenwendel nur wenig vergrößert scharf ab.

Anstelle der aplanatischen Linse werden an der Lampe auch Linsen mit sehr starker Brechkraft verwendet (Bild IV,20). Die erhabene Fläche dieser Linsen ist asphärisch (nicht kugelförmig). Damit wird bei großem Linsendurchmesser die sphärische Aberration verringert und gleichzeitig mehr Licht aufgenommen. Mit diesen Linsen wird das Kondensorsystem kürzer und dadurch das Gerät kleiner. Die starkbrechenden Linsen müssen jedoch sorgfältig justiert werden. Durch Abstandsänderung und Dezentrierung der Linsen wird die Bildwand ungleichmäßig ausgeleuchtet.

5.4. Wärmeschutz

Bogenlicht und Glühlampen sind Temperaturstrahler. Sie strahlen neben dem sichtbaren Licht auch Wärme ab, die mit in den Lichtstrom aufgenommen wird. Die projizierten Film-Diapositive wärmen sich dadurch auf, sie vertragen jedoch nur Temperaturen bis etwa 70 °C. Die Wärme muß deshalb abgeleitet werden. Hierzu werden zwischen die Kondensorlinsen Wärmeschutzgläser aus Phosphatglas eingefügt. Diese Filtergläser absorbieren einen großen Teil der Wärmestrahlen. Sie heizen sich jedoch durch Absorption der Wärmestrahlen auf und müssen auch gekühlt werden, sonst wirken sie selbst als Wärmestrahler.

Bei Lichtquellen bis etwa 150 W Leistung kühlt der im Gerät aufsteigende Luftstrom, dem durch lichtverdeckte Luftöffnungen freier Lauf gegeben wird. Bei hoher Lampenleistung wird ein Ventilator eingebaut, der den Luftstrom beschleunigt. Durch Blenden wird der Luftstrom an das Diapositiv, das Wärmeschutzfilter und die Lampe geleitet. Für extreme Fälle, z. B. Projektion lebender Organismen, werden statt der Filter, Küvetten mit zu- und ablaufender Kühlflüssigkeit in den Lichtstrom gebracht.

5.5. Vergrößerung

Die Größe der projizierten Bilder ist von der Größe des Diapositives, der Brennweite des Projektionsobjektives und dem Abstand zwischen Objektiv und Bildwand abhängig (Bild IV,21). Sie wird mit den Gleichungen für achsnahe Strahlen errechnet. Dabei werden für die Größen gebräuchliche Zeichen eingeführt, und die für die geometrische Optik geltenden Vorzeichenregeln entfallen.

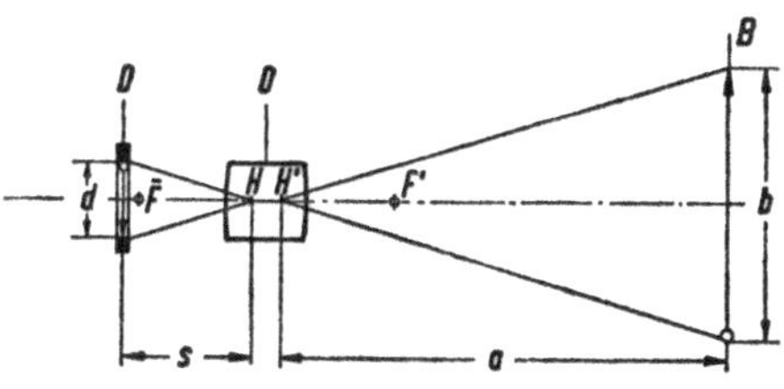

Bild IV,21. Geometrische Größenverhältnisse beim Projizieren
D Diapositiv (Bildbühne)
B Bildwand
O Objektiv
F, *F'* Brennpunkte
H, *H'* Hauptpunkte
d Seitenlänge des Diapositivs
b Bildgröße auf der Bildwand
s Abstand zwischen Diapositiv und Objektiv
a Abstand zwischen Objektiv und Bildwand

Bei der Vorbereitung zum Projizieren kann nach der Bildgröße, nach dem Abstand zwischen Projektor und Bildwand oder nach der Brennweite des Projektionsobjektives gefragt werden. Die Beziehung wird deshalb nach diesen drei Größen aufgelöst.

$$b = d\,\frac{a-f}{f} \quad \text{(IV,19)} \qquad a = f\,\frac{b+d}{d} \quad \text{(IV,20)} \qquad f = \frac{a\,d}{b+d} \quad \text{(IV,21)}$$

f Brennweite des Projektionsobjektives in mm; a Abstand zwischen Projektor und Bildwand in mm; b Bildgröße (linear) auf der Bildwand in mm; d längste Seite vom Format des Diapositives in mm.

5.6. Der Profilprojektor

Die Maße kleiner, vielleicht noch unregelmäßig geformter Werkstücke lassen sich mit mechanischen Mitteln schwer prüfen; deshalb bedient man sich hierzu der Profilprojektoren (Bild IV,22). Die Profilprojektoren entwerfen vergrößerte Schattenbilder, deren Umrisse mit einer entsprechend vergrößerten, transparenten Zeichnung verglichen werden können.

Das Werkstück liegt auf einer Glasplatte und wird vom Objektiv auf eine fest montierte Mattscheibe projiziert. Das Objektiv muß verzeichnungsfrei abbilden, damit die Form in allen Teilen proportional vergrößert wird. Um Farbfehlerreste auszuschalten, werden gelegentlich Filter eingefügt.

Die Kondensorlinsen beleuchten das Werkstück mit telezentrischem Strahlengang. Die Lampenwendel stehen also in der Brennebene des Kondensors. Dadurch wird das Schattenbild des Werkstücks auch bei unscharfer Einstellung des Objektivs mit der richtigen Vergrößerung abgebildet.

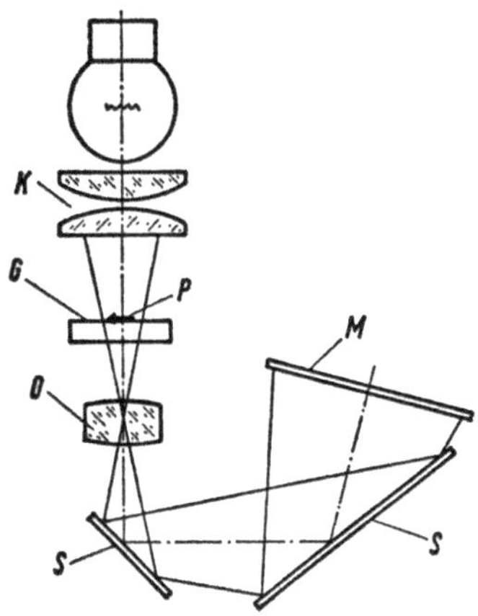

Bild IV,22. Strahlengang im Profilprojektor
K Kondensor; G Glasplatte zum Auflegen des zu prüfenden Teiles; P zu prüfendes Teil; O Objektiv; S Planspiegel; M Mattscheibe

Durch eine Zusatzeinrichtung kann das Werkstück auch mit Auflicht beleuchtet werden. Um das Bild zugänglich zu machen und dabei seitenrichtig zu erhalten, wird der Strahlengang über zwei Planspiegel abgelenkt.

6. Die photographische Kamera

6.1. Allgemeines

Die Photographie beruht darauf, daß sich Bromsilbergelatine durch Belichten verändert. Sie wird an den belichteten Stellen entwicklungsfähig. In einem chemischen Bad scheiden die belichteten Stellen metallisches Silber ab, das die Schicht schwärzt. Beim nachfolgenden Fixieren wird das unbelichtete Bromsilber gelöst und ausgewaschen.

In der photographischen Kamera werden solche lichtempfindlichen Schichten über ein reell abbildendes Objektiv belichtet, so daß das aufgenommene Bild von der Schicht festgehalten wird. Die Schichten sind auf Filme oder Glasplatten aufgetragen. Photographische Platten werden nur noch für technisch-wissenschaftliche Aufnahmen verwendet, wobei die lichtempfindliche Schicht genau eben sein soll. Bei Rollfilmen sind Unebenheiten von etwa 0,1 mm möglich, die jedoch für die Bildnisphotographie erträglich sind.

Die Lichtempfindlichkeit der Schichten wird nach DIN 4512 in °DIN (Grad-DIN) angegeben, z. B. 21 °DIN. Sie nimmt je Grad DIN um den Faktor 1,26 ($\lg 1{,}26 = 0{,}1$) zu. Ein Film mit 21 °DIN ist also $1{,}26^3 = 2$mal, d. h., doppelt so lichtempfindlich wie ein Film mit 18 °DIN.

Die Kamera ist in ihrer Grundform eine innen geschwärzte Kammer, die vorn mit einem im Verschluß sitzenden Objektiv und hinten mit einer Film- oder Plattenführung versehen ist. Sie ist mit Einrichtungen für Filmtransport, Entfernungseinstellung und Lichtmessung versehen. Mechanische Sperren verhindern Doppelbelichtungen und lassen den unbelichteten Film nicht transportieren. Bei den automatischen Kameras sind Lichtmessung, Filmempfindlichkeit, Objektivöffnung und Belichtungszeit zu einer Belichtungsautomatik zusammengefaßt.

6.2. Kamerasysteme

Die verschiedenen Typen unterscheiden sich durch die Art des Bildsuchers. Mit dem Sucher wird das aufzunehmende Objekt vor und während der Aufnahme gesehen und sein Umfang begrenzt.

6.2.1. Kameras mit Mattscheibensucher. Auf der Mattscheibe wird das vom Objektiv aufgenommene Objekt reell abgebildet. Das Bild kann auf der Mattscheibe gleichzeitig, dem Aufnahmeabstand entsprechend, scharf eingestellt werden, so daß keine weitere Entfernungsmessung nötig ist. Da hierbei der Objektivdurchmesser als Entfernungsmesserbasis wirkt, wird mit großer Blendenöffnung eingestellt. Gelegentlich wird die geschliffene Mattscheibe durch eine als Stufenlinse ausgebildete Kunststoffscheibe ergänzt, die eine Kollektivwirkung hat und die Austrittspupille der Kamera im Auge abbildet. Dadurch wird das Bild über die ganze Fläche gleichmäßig hell gesehen.

Bei der Plattenkamera wird die Mattscheibe gegen die lichtempfindliche Platte ausgewechselt.

Die Spiegelreflexkamera hat im Strahlengang einen Oberflächenspiegel, der das Bild nach oben zur Mattscheibe ablenkt (Bild IV,23). Im Augenblick der Belichtung schwenkt der Spiegel nach oben und gibt den Lichtweg zum Film frei. Gleichzeitig verschließt er die Mattscheibenöffnung lichtdicht, so daß man während der Belichtung kein Bild im Sucher sieht.

Die Spiegelreflexkamera mit zwei Objektiven (Bild IV,24) hat je ein Objektiv für Aufnahme und Sucher. Beide Objektive haben gleiche Brennweite und werden zur Scharfstellung des Bildes gleichzeitig bewegt. Mit dieser Kamera wird das Sucherbild auch während der Aufnahme gesehen. Durch den Abstand zwischen Aufnahme- und Sucherobjektiv tritt bei Nahaufnahmen zwischen Sucherbild und Aufnahme Parallaxe auf, die durch einen beweglichen Parallaxrahmen behoben wird. Parallaxe heißt hier, daß der Sucher nicht den gleichen Bildausschnitt zeigt, den das Photo-Objektiv aufnimmt.

6.2.2. Sucherkameras. Sucherkameras sind die gebräuchlichsten. Der Sucher ist meist über dem Aufnahmeobjektiv angebracht und hat deshalb für Nahaufnahmen Parallaxe, die bei wertvollen Kameras durch Kippen des Suchers behoben wird.

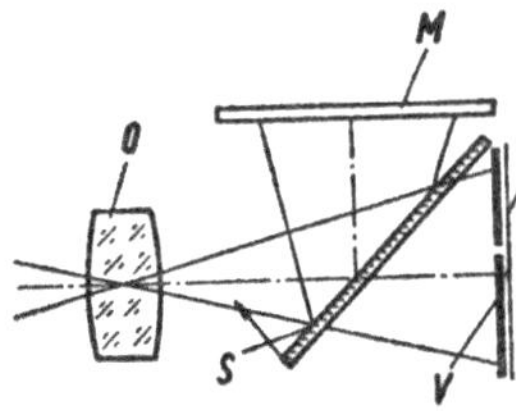

Bild IV,23. Spiegelreflexkamera

O Objektiv
S schwenkbarer Planspiegel
M Mattscheibe
V Schlitzverschluß
F Film

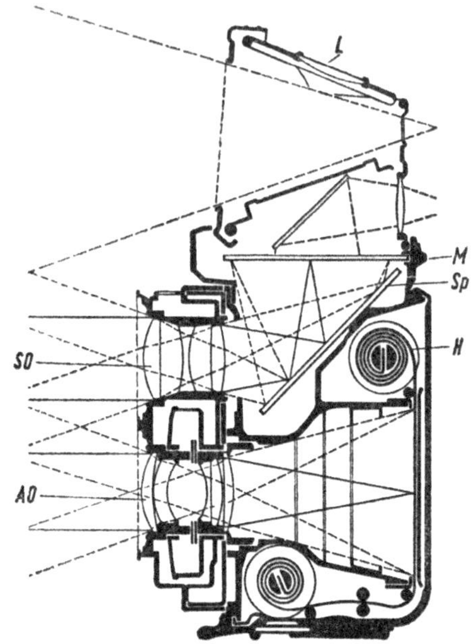

Bild IV,24. Zweiäugige Spiegelreflexkamera Bauart Rolleiflex

L Lupe
M Mattscheibe
Sp Planspiegel
H Film
SO Sucherobjektiv
AO Aufnahmeobjektiv

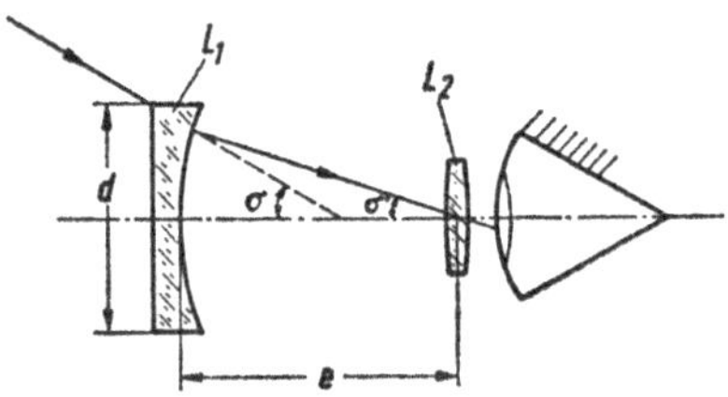

Bild IV,25. Newtonsucher

L_1, L_2 Zerstreuungs- und Sammellinse
d Kantenlänge der Zerstreuungslinse
e Linsenabstand
σ objektseitiger Gesichtswinkel des Suchers
σ' Sehwinkel, unter dem das verkleinerte Bild gesehen wird

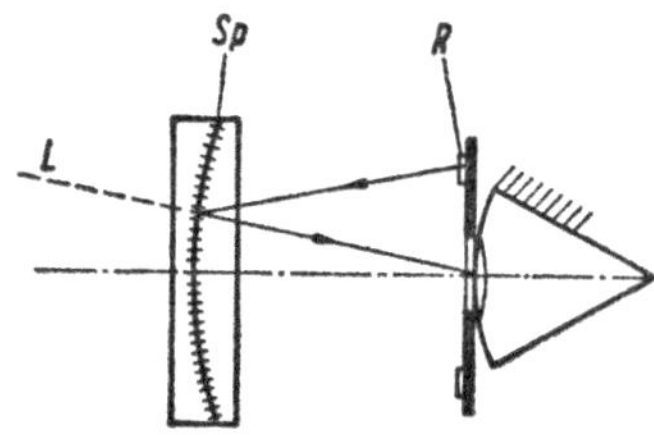

Bild IV,26. Leuchtrahmensucher

Sp teildurchlässig verspiegelte Fläche
R heller Rahmen, der sich in *Sp* spiegelt
L Richtung unter der der gespiegelte Leuchtrahmen gesehen wird

Am einfachsten ist der Rahmensucher. Zwei hintereinander angeordnete Rahmen geben nur den Aufnahmewinkel frei. Weil das Auge nicht gleichzeitig nah und fern sehen kann, wird die Begrenzung des Gesichtsfeldes nicht genau erkannt. Der Rahmensucher wird deshalb meist für billige Kameras verwandt.

Der Newtonsucher ist ein umgekehrtes Holländisches Fernrohr und gibt das Sucherbild verkleinert wieder (Bild IV,25). Bei ihm ist die Bildbegrenzung besser, wenn auch nicht ganz klar zu erkennen. Seine Konstruktionsmaße lassen sich nach den Gleichungen (Seite 77) errechnen.

Der Leuchtrahmensucher (Bild IV,26) bildet einen hellen Rahmen, der den Bildausschnitt begrenzt, in das aufzunehmende Objekt ab. Weil man Leuchtrahmen und Objekt gleichzeitig scharf sieht, ist die Bildbegrenzung genau zu erkennen.

6.3. Der Bildwinkel

Den photographischen Bildformaten sind entsprechende Objektivbrennweiten zugeordnet.

Format	$12\,mm \times 17\,mm$ $f = 24 \ldots 26\,mm$	$60\,mm \times 60\,mm$ $f = 75 \ldots 80\,mm$
	$24\,mm \times 36\,mm$ $f = 45 \ldots 55\,mm$	$60\,mm \times 90\,mm$ $f = 105 \ldots 110\,mm$
	$40\,mm \times 40\,mm$ $f = 55 \ldots 60\,mm$	$90\,mm \times 120\,mm$ $f = 135 \ldots 140\,mm$

Objektive, die das Format bei kürzeren Brennweiten scharf auszeichnen, sind Weitwinkelobjektive, weil sie einen größeren Aufnahmewinkel erfassen. Teleobjektive haben längere Brennweiten und bilden ferne Gegenstände größer ab. Sie erfassen dabei einen geringeren Bildwinkel.

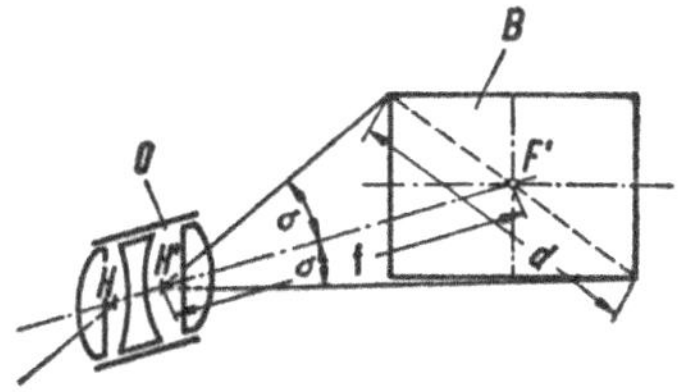

Bild IV,27. Bildwinkel einer photographischen Kamera
O Photo-Objektiv
B Bildformat
f Objektivbrennweite
H, H' Hauptpunkte des Objektivs
d Bilddiagonale
σ halber Kamerabildwinkel

Der Bildwinkel einer Kamera wird durch die Strahlen gebildet, die vom hinteren Hauptpunkt des Objektivs zu den Bildecken laufen (Bild IV,27). Er errechnet sich aus Bilddiagonale und Objektivbrennweite.

$$\tan \sigma = \frac{d}{2f} \qquad \text{(IV,22)}$$

σ halber Bildwinkel in °; d Bilddiagonale in mm; f Objektivbrennweite in mm.

Beispiel: Eine Kamera mit dem Bildformat $24\,mm \times 36\,mm$ hat ein Objektiv mit $f = 52\,mm$ Brennweite. Bis zu welchem Winkel muß das Objektiv scharf abbilden?

Lösung: Zuerst wird die Bilddiagonale d bestimmt. $d = \sqrt{24^2 + 36^2} = 43{,}3\,mm$.

Mit (IV,22) errechnet sich $\tan \sigma$ zu: $\tan \sigma = \frac{d}{2f} = \frac{43{,}3}{2 \cdot 52} = 0{,}417$

$\sigma = 22°\,40'$.

Damit ergibt sich der Bildwinkel zu: $2\sigma = 45°\,20'$.

6.4. Abbildungsgröße

Die Bildgröße eines aufgenommenen Objektes ergibt sich aus der Objektgröße, dem Aufnahmeabstand und der Brennweite des Aufnahmeobjektives nach (II,55) und (II,56). Dabei bleiben die Vorzeichenregeln unberücksichtigt (Bild IV,28). Der Aufnahmeabstand a ist die Strecke zwischen Aufnahmeobjekt y und Filmebene.

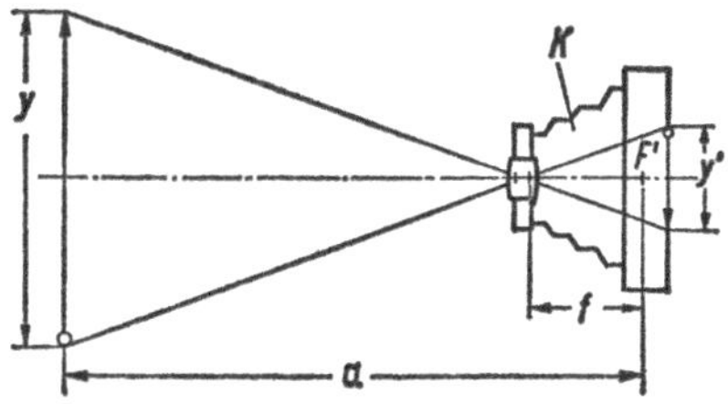

Bild IV,28. Größe der photographischen Bilder
K Kamera
y Objektgröße
y' Bildgröße
a Aufnahmeabstand
f Objektivbrennweite
F' hinterer Brennpunkt

Bei Vorbereitung für eine Aufnahme kann nach der Größe eines aufzunehmenden Objektes gefragt sein, oder es wird der erforderliche Aufnahmeabstand gesucht, der eine bestimmte Bildgröße liefert. Die Beziehung wird deshalb nach beiden Größen aufgelöst.

$$y' = y \frac{f}{a - 2f} \qquad \text{(IV,23)} \qquad\qquad a = f\left(\frac{y}{y'} + 2\right) \qquad \text{(IV,24)}$$

y Objektgröße in mm; y' Bildgröße in mm; f Objektivbrennweite in mm; a Abstand zwischen Objekt und Filmebene in mm.

6.5. Nahpunkteinstellung

In der Grundeinstellung bildet die Kamera ferne Objekte scharf ab. Der Film befindet sich also in der Brennebene des Aufnahmeobjektivs.

Für nahe Objekte wird die Brennweite des Objektivs durch Änderung der Linsenabstände (Frontlinseneinstellung) verkürzt, oder es wird der Abstand zwischen Objektiv und Filmebene um z' (II,58) vergrößert. Die Objektive sind dazu in Schneckenfassung oder durch Kurventrieb verstellbar. Die Verstellung kann an einer entsprechend gezeichneten Skala in Meter-Aufnahmeabstand abgelesen werden.

Die Abstandsänderung z' zwischen Objektiv und Film wird nach (II,58), $z' = f^2/z$, errechnet.

6.6. Blendenzahlen und Verschlußzeiten

6.6.1. Blenden. In photographischen Kameras werden meist Irisblenden verwendet. Irisblenden sind aus mehreren beweglichen Lamellen zusammengefügt und geben eine annähernd kreisförmige Blendenöffnung frei (Bild IV,29). Der Durchmesser der Blendenöffnung ist einstellbar. Ihr Größtwert ist der Durchmesser der ersten Linse des Objektivs.

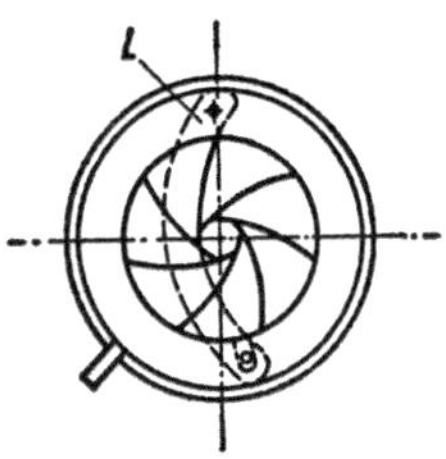

Bild IV,29. Irisblende
L herausgezeichnete Lamelle

Der Blendenwert wird bei Kameras als Quotient aus Öffnungsdurchmesser durch Objektivbrennweite angegeben.

$$1 : k = d : f \qquad \text{(IV,25)}$$

$1 : k$ Öffnungsverhältnis, als größtmögliches Öffnungsverhältnis auch Lichtstärke des Objektivs genannt. k Blendenzahl; d Blendendurchmesser oder Durchmesser des Blendenbildes in mm; f Objektivbrennweite in mm.

Blenden innerhalb des Objektivs werden nicht mit ihrem effektiven Durchmesser in die Rechnung eingesetzt, sondern in der Größe, wie sie von den davor liegenden Linsen abgebildet werden. Hierzu siehe Abschnitt II.12.

Damit die eintretende Lichtmenge den photographischen Verhältnissen angepaßt werden kann, sind die Blendendurchmesser einstellbar. Der Stellhebel wird an einer Skala vorbeigeführt, die das jeweilige Öffnungsverhältnis anzeigt. Auf der Skala sind die Blendenzahlen so markiert, daß die nächstfolgende Blende die halbe oder die doppelte Öffnungsfläche hat. Damit ergibt sich für die Blendenzahlen eine geometrische Reihe mit dem Faktor $\sqrt{2}$, die mit eins beginnt.

$k = 1$	$k = 2$	$k = 4$	$k = 8$	$k = 16$
$k = 1{,}4$	$k = 2{,}8$	$k = 5{,}6$	$k = 11$	$k = 22$

Blendenreihe mit Faktor $\sqrt{2}$. Kleine Zahlen sind große, große Zahlen kleine Blenden.

6.6.2. Verschlußzeiten. Die Kameras sind meist mit Zentralverschlüssen ausgerüstet. In diese Verschlüsse werden die gefaßten Objektivlinsen eingeschraubt. Der Verschluß enthält auch die verstellbare Irisblende.

Die Verschlußlamellen werden durch Federkraft geöffnet und geschlossen. Ein eingebautes Hemmwerk bewirkt die verschiedenen Öffnungszeiten. Die selbsttätig ablaufenden Kurzbelichtungszeiten sind so gestaffelt, daß auch sie bei der nächsten Zeiteinstellung die doppelte oder die halbe Zeit belichten. Damit ergibt sich für die Kurzzeiten eine entsprechende Reihe, die als abgerundete Zahlenreihe am Verschluß abzulesen ist.

$T = 1$ s	$T = 1/8$ s	$T = 1/60$ s	$T = 1/500$ s
$T = 1/2$ s	$T = 1/16$ s	$T = 1/125$ s	$T = 1/1000$ s
$T = 1/4$ s	$T = 1/30$ s	$T = 1/250$ s	

Reihe der Kurzbelichtungszeiten (Momentzeiten).

Nur die im Nenner stehenden Zahlen werden auf den Verschluß graviert, so daß große Zahlen kurzen und kleine Zahlen langen Belichtungszeiten entsprechen.

Kameras mit auswechselbaren Objektiven werden meist mit Schlitzverschluß ausgerüstet. Beim Schlitzverschluß läuft ein mit Öffnungsschlitz versehenes, lichtdichtes Band über den Film. Schlitzbreite und Ablaufzeit sind so abgestimmt, daß quantitativ wie beim Zentralverschluß belichtet wird.

6.6.3. Der Lichtwert. Im Lichtwert ist die Blendenzahl mit der Belichtungszeit verbunden; Blendenzahlen und Belichtungszeiten sind so abgestuft, daß bei n-Stufen größerer Blende auch n-Stufen kürzer belichtet werden kann. Blende $k = 4$ und Belichtungszeit $T = 1/250$ s nehmen die gleiche Lichtmenge auf wie $k = 8$ und $T = 1/60$ s. Im Lichtwertverschluß ist deshalb die Blendenverstellung mit der Verstellung der Belichtungszeiten gekoppelt.

Der elektrische Belichtungsmesser zeigt die Lichtwerte an. Dazu wird die Ableseskala gegenüber dem Zeiger entsprechend der Filmempfindlichkeit vor- oder zurückgestellt. Die abgelesene Lichtwertzahl wird auf den Kameraverschluß übertragen.

Der Lichtwert errechnet sich aus Blendenzahl und Belichtungszeit.

$$L = \frac{2 \lg k - \lg T}{\lg 2} \qquad \text{(IV,26)}$$

L Lichtwert; k Blendenzahl; T Belichtungszeit in s.

6.7. Abbildungstiefe

Wird ein Objekt mit Tiefenausdehnung photographiert, so ist nur ein ebener Schnitt durch das Objekt scharf auf dem Film abgebildet. Davor und dahinter liegende Objektteile werden auch vor und hinter dem Film abgebildet. Die Objektpunkte erscheinen dann auf dem Film als Zerstreuungskreise (Bild IV,30).

In der Nähe der Filmebene abgebildete Punkte geben jedoch kleine Zerstreuungskreise, und ein aus 250 mm Abstand betrachteter Zerstreuungskreis, der $\leq 0{,}1$ mm Durchmesser hat, wird vom Auge noch als Bildpunkt gesehen. Die Stellen des Bildes, die keine größeren Zerstreuungskreise aufweisen, sind also noch scharf abgebildet. Da die Bilder vergrößerungsfähig sein sollen, werden in der Praxis nur Zerstreuungskreise kleiner als 0,03 mm Durchmesser zugelassen, oder sie werden auf die Objektivbrennweite bezogen und z. B. mit $0{,}0005\,f$ angenommen.

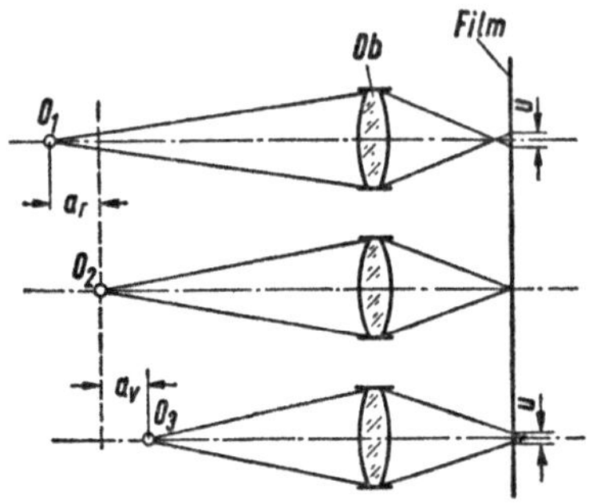

Bild IV,30. Schärfentiefe

Ob	Objektiv
O_1 bis O_3	Objekte in verschiedenen Aufnahmeabständen
a_r	Tiefe rückwärts
a_v	Tiefe vorwärts
u	Zerstreuungskreisdurchmesser

Wie Bild IV,30 zeigt, ist der Zerstreuungskreis eine Funktion aus dem Winkel des Strahlenkegels und des Abstandes zwischen Bildpunkt und Filmebene. Daraus lassen sich die Bereiche vor und hinter der Objektebene errechnen, innerhalb deren Objektpunkte noch ausreichend scharf abgebildet werden (IV,27).

$$t_v = a \frac{k u (a - f)}{f^2 + k u (a - f)} \qquad t_h = a \frac{k u (a - f)}{f^2 - k u (a - f)} \qquad \text{(IV,27)}$$

t_v Schärfentiefenbereich vor der eingestellten Objektebene in mm; t_h Schärfentiefenbereich hinter der eingestellten Objektebene in mm; f Objektivbrennweite in mm; a Aufnahmeabstand in mm; k Blendenzahl; u maximaler Durchmesser der Zerstreuungskreise in mm.

7. Kollimatoren

In Kollimatoren werden beleuchtete Strichplatten durch Objektive unendlich fern abgebildet (Bild IV,31). Mit diesen künstlichen Fernzielen werden optische Geräte auf „unendlich" justiert oder es werden damit Richtungen festgelegt.

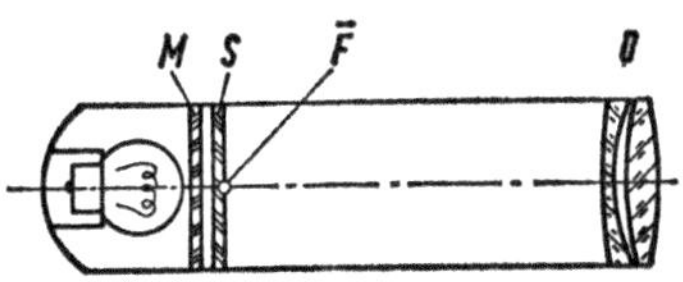

Bild IV,31. Kollimator

M	Mattscheibe
S	Strichplatte
F	Brennpunkt des Kollimatorobjektivs
O	Kollimatorobjektiv

7.1. Anwendung

Kollimatoren dienen beim Bau optischer Instrumente als Justier- und Prüfgeräte.

7.1.1. Justieren von Fernrohren. Mit den vom Kollimatorobjektiv fern abgebildeten Marken der Strichplatte werden Fernrohre auf „unendlich" eingestellt. Dazu wird das Fernrohr vor dem Kollimator so justiert, daß die Strichmarken der Kollimator-Strichplatte vom Fernrohrobjektiv auf die Fernrohrstrichplatte abgebildet werden. Wird dabei das Auge hinter dem Fernrohrokular seitlich bewegt, so dürfen sich die Strichmarken von Kollimator und Fernrohr nicht gegeneinander bewegen, die Justierung darf keine „Parallaxe" zeigen.

Fernrohre ohne Strichplatte werden, weniger genau, nur durch Scharfstellen der Kollimatorstrichmarken auf den Fernpunkt einjustiert.

Mit zwei parallel gerichteten Kollimatoren wird die Blickrichtung von Doppelfernrohren oder Entfernungsmessern justiert und geprüft.

7.1.2. Brennweitenmessung. In Verbindung mit einem Okular, das eine durch Meßschraube seitlich verstellbare Strichplatte hat, können mit dem Kollimator Brennweiten gemessen werden (Bild IV,32). Die Kollimatorstrichplatte hat dazu zwei Striche, deren Abstand y ein Funktionsmaß für die Brennweitenbestimmung ist. Die zu prüfende Linse wird vor den Kollimator gestellt und das Okular wird so einjustiert, daß die Kollimatorstriche von der Linse parallaxfrei auf der Okularstrichplatte abgebildet werden. Nun wird der Abstand y' der abgebildeten Striche mit der Meßschraube ermittelt.

Nach (II,44) verhalten sich die Bildgrößen wie die zugehörigen Schnittweiten. Bei diesem Brennweiten-Meßgerät entspricht die Kollimatorbrennweite der Schnittweite s und die Brennweite der zu prüfenden Linse der Schnittweite s'. Die Schnittweiten zwischen Kollimatorobjektiv und Linse sind unendlich groß und geben als Quotient Eins. Sie beeinflussen deshalb die Bildgröße y' nicht. Entsprechend (II,44) ergibt sich damit für die Brennweite der zu prüfenden Linse die Beziehung (IV,28).

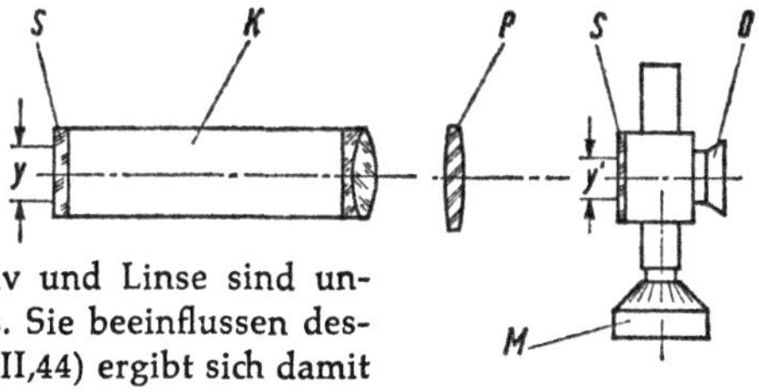

S Strichplatten
K Kollimator
P Prüfling
O Okular
M Meßschraube
y, y' Meßmarkenabstände

$$f_P = y' \frac{f_K}{y} \qquad \text{(IV,28)}$$

f_P Brennweite der zu prüfenden Linse in mm; f_K Brennweite des Kollimatorobjektives in mm; y Abstand der Striche auf der Kollimatorstrichplatte in mm; y' mit der Meßschraube gemessener Abstand der abgebildeten Striche in mm.

7.2. Autokollimation

Stellt man vor den Kollimator einen Planspiegel, so wird das Bild der Strichmarke vom Kollimatorabjektiv in sich zurück abgebildet. Der Vorgang heißt Autokollimation. Die Rückabbildung wird mit Autokollimationsokularen sichtbar gemacht. Die Okulare werden in drei Grundformen ausgeführt, die je nach Bedarf angewandt werden (Bilder IV,33; IV,34; IV,35). Damit wird der Kollimator zum Autokollimations-Fernrohr.

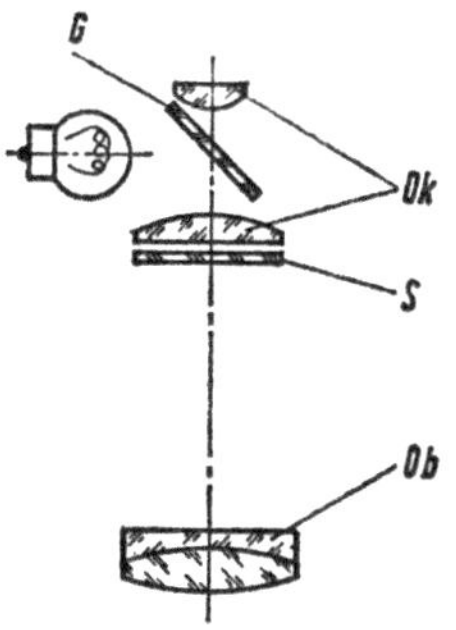

Bild IV,33. Autokollimationsfernrohr mit Huygensokular
G Glasscheibe zur Beleuchtung der Strichplatte
S Strichplatte
Ok Okularlinsen
Ob Kollimatorobjektiv

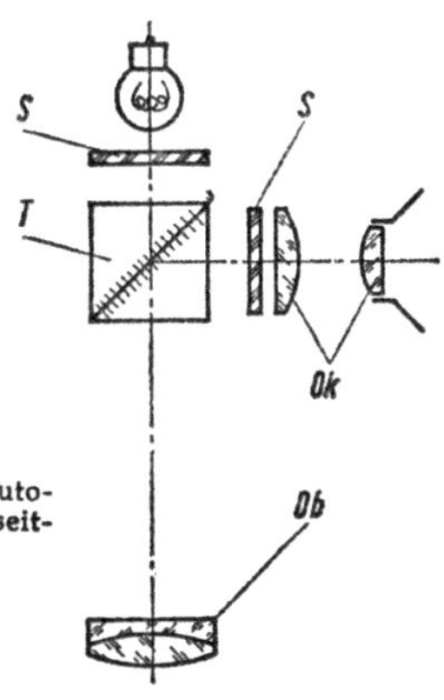

Bild IV,34. Schema des Autokollimationsfernrohr mit seitlichem Einblick
S Strichplatten
I Strahlenteiler-Prisma
Ok Okular
Ob Kollimatorobjektiv

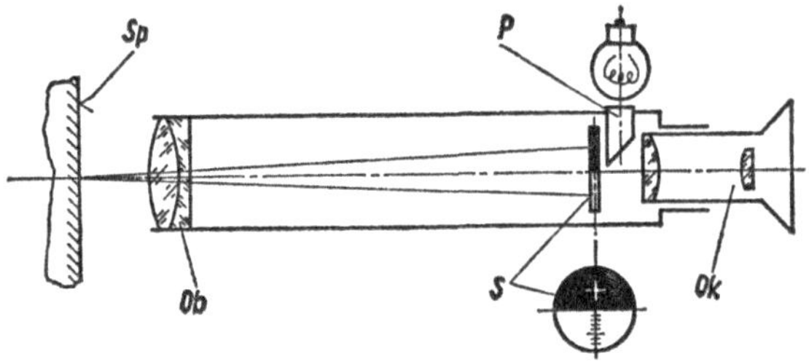

Bild IV,35. Autokollimationsfernrohr
Sp spiegelnde Fläche
Ob Kollimatorobjektiv
P Beleuchtungsprisma
S Strichplatte
Ok Okular

7.2.1. Winkelmessung. Mit den Autokollimations-Fernrohr werden kleine Winkelveränderungen gemessen. Wird vor dem Gerät eine spiegelnde Planfläche wenig geneigt, so wird die rückgespiegelte Strichmarke an einer anderen Stelle der Strichplatte abgebildet. Der Abstand zwischen der Strichmarke und ihrem zurückgespiegelten Bild ist ein Maß für den Neigungswinkel der Planfläche (Bild IV,36). Nach (II,3) wird das zurück gespiegelte Strahlenbündel um den doppelten Neigungswinkel des Spiegels abgelenkt. Die Messung ist deshalb sehr empfindlich. Die Ablenkung kann an einer entsprechend geteilten Kollimatorstrichplatte abgelesen werden.

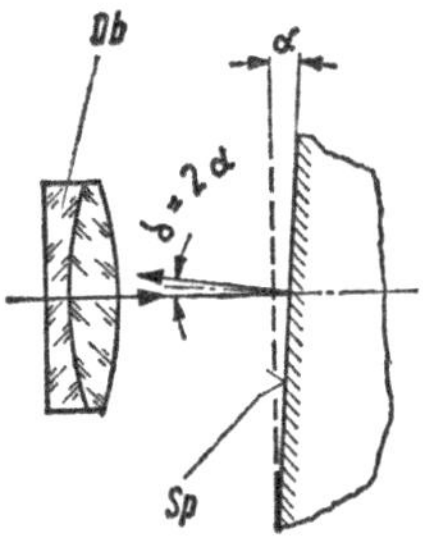

Bild IV,36. Prüfung eines Neigungswinkels mit dem Autokollimator
Ob Kollimatorobjektiv
Sp spiegelnde Fläche
α Neigungswinkel der Fläche
δ Ablenkungswinkel

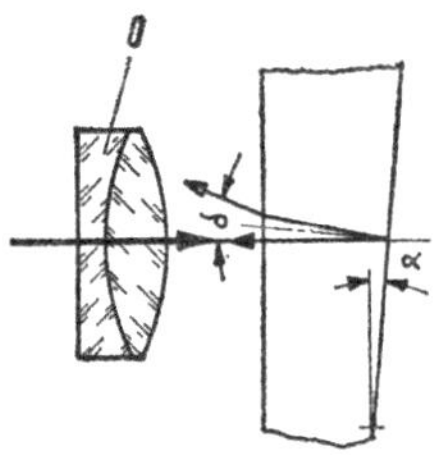

Bild IV,37. Parallelprüfung am Autokollimator
O Kollimatorobjektiv
α Parallel-Fehler
δ Ablenkungswinkel des gespiegelten Strahles

Die Teilung der Strichplatte errechnet sich nach (IV,29).

$$t = 2 \tan \gamma f \qquad \text{(IV,29)}$$

t Teilstrichabstand in mm; γ Einheit in der der Neigungswinkel der Planfläche gemessen werden soll in ° oder ′; f Brennweite des Kollimatorobjektivs in mm.

Beispiel: Für ein Autokollimations-Fernrohr mit $f = 250$ mm Objektivbrennweite soll die Strichplatte so geteilt werden, daß die Neigung eines davor stehenden Spiegels in Winkelminuten abgelesen werden kann. Der Teilstrichabstand t ist zu errechnen. Nach (IV,29) ist

Lösung: $t = 2 \tan \gamma f = 2 \cdot 0{,}00029 \cdot 250 = \mathbf{0{,}145\ mm.}$

Eine Planglasscheibe, deren Flächen einige Winkelminuten unparallel sind, spiegelt zwei Bilder der Leuchtmarke in den Kollimator zurück (Bild IV,37). Der auf der Strichplatte gemessene Abstand der Strichbilder ist ein Maß für die Unparallelität der Flächen. Die Winkeldifferenz δ zwischen einem an der Oberfläche und einem von der Rückfläche der Glasscheibe zurück gespiegeltem Lichtstrahl errechnet sich nach (IV,30).

$$\delta = 2\, \alpha\, n \qquad \text{(IV,30)}$$

δ Winkeldifferenz zwischen den beiden rückgespiegelten Bildern der Strichmarke in Winkelminuten; α Keilwinkel der Glasscheibe in Winkelminuten; n Brechzahl des Glases, aus dem die Scheibe ist.

7.2.2. Ebenheits- und Brechkraftprüfung. Ist die spiegelnde Fläche nicht eben, so wird die Strichmarke unscharf abgebildet. Um solche Fehler zu messen, kann bei Autokollimations-Fernrohren der Abstand zwischen Objektiv und Strichplatte meßbar verändert werden. Mit einer solchen Einrichtung kann bei sphärischem Flächenfehler die Schärfe nachgestellt werden, und die Auszugsverstellung am Kollimator ist ein Maß für den Krümmungsfehler der prüften Fläche (IV,31).

$$r = \frac{f_K^2}{z} \qquad \text{(IV,31)}$$

r Radius der fehlerhaften Planfläche in mm; z Auszugsverstellung am Kollimator in mm; f_K Brennweite des Kollimatorobjektivs in mm.

Wenn eine plane Glasscheibe zwischen Autokollimationsfernrohr und einen genauen Spiegel gehalten wird, so kann festgestellt werden ob das Glas brechkraftfrei ist. Ein im Prüfling durch unebene Flächen verursachter Brechkraftfehler bildet die Strichmarken unscharf ab. Das Bild der Strichmarken kann am Kollimatorauszug wieder scharf gestellt werden, wobei die Auszugsverstellung ein Maß für die Größe des Brechkraftfehlers ist. Nach (II,52) und (II,58) ergibt sich für die Brechkraft in Dioptrien die Beziehung (IV,32).

$$D = \frac{1000\,z}{f_K^2} \qquad \text{(IV,32)}$$

D Brechkraftfehler des Planglases in Dioptrien (1/m); z Auszugsverstellung am Kollimator in mm; f_K Brennweite des Kollimatorobjektivs in mm.

Beispiel: Ein Autokollimationsfernrohr wird gegen einen genauen Planspiegel scharf eingestellt. Wenn zwischen Fernrohr und Spiegel eine fehlerhafte Planscheibe eingeführt wird, kann das Bild der Strichmarken durch eine Auszugsverstellung $z = 0{,}016$ mm wieder scharf gestellt werden. Das Kollimatorobjektiv hat die Brennweite $f_K = 180$ mm. Der Brechkraftfehler errechnet sich nach (IV,32) zu:

Lösung: $D = \frac{1000\,z}{f_K^2} = \frac{1000 \cdot 0{,}016}{180^2} =$ **0,05 Dioptrien.**

Wird durch den Auszug z der Abstand zwischen Objektiv und Strichplatte kleiner, so ist der Brechkraftfehler positiv. Im anderen Falle ist die Brechkraft negativ, und die Planscheibe wirkt wie eine schwache Zerstreuungslinse.

Anmerkung: Die Gln. (IV,31 und IV,32) sind wegen einiger Vereinfachungen als Näherungsformeln zu betrachten, die jedoch im Gebrauch zu völlig ausreichenden Ergebnissen führen.

7.2.3. Justieren optischer Geräte. Mit dem Autokollimationsfernrohr können außer in der schon beschriebenen Weise optische Geräte durch Rückspiegelung justiert werden. Dazu wird in die Brennebene des zu justierenden Gerätes eine spiegelnde Fläche gebracht, die das aus dem Kollimator kommende Licht wenigstens zum Teil spiegelt. Bei Fernrohren kann dazu die Fernrohrstrichplatte dienen, bei Kameras wird ein Spiegel in die Filmebene gebracht (Bild IV,38).

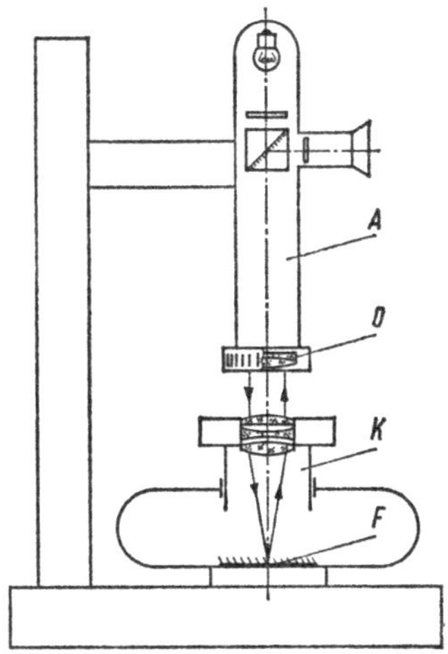

Bild IV,38. Kameraprüfung
A Autokollimationsfernrohr
O Kollimatorobjektiv
K Kamera
F Filmebene

Ein Einstellfehler des zu prüfenden Gerätes läßt das Bild der rückgespiegelten Kollimatormarke unscharf abbilden. Wird der Kollimatorauszug verstellt, so kann das im Kollimator sichtbare Bild der Strichmarke wieder scharf gesehen werden. Der Kollimatorauszug z_1 wird gemessen und daraus mit der Beziehung (IV,33) auf die Fehleinstellung z_2 des zu prüfenden Gerätes geschlossen.

$$z_2 = z_1 \frac{f_P^2}{f_K^2} \qquad \text{(IV,33)}$$

z_2 Einstellfehler des zu prüfenden Gerätes in mm; z_1 Auszugsveränderung am Kollimator in mm; f_P Objektivbrennweite des zu prüfenden Gerätes in mm; f_K Brennweite des Kollimatorobjektives in mm.

Wird, um das Strichbild im Kollimator scharf zu sehen, der Auszug des Kollimators um z_1 verkürzt, so ist der Abstand zwischen Objektiv und Bildebene des zu prüfenden Gerätes um z_2 zu groß. Für den Gegenfall gilt die Umkehrung.

Beispiel: Eine Kamera mit Objektivbrennweite $f_P = 50$ mm wird an einem Autokollimationsfernrohr mit $f_K = 150$ mm Objektivbrennweite geprüft. Um die Strichmarke scharf zu stellen wird der Kollimatorauszug um $z_1 = 0{,}45$ mm verlängert. Der Einstellfehler z_2 der Kamera wird nach (IV,33) berechnet.

Lösung: $z_2 = z_1 \frac{f_P^2}{f_K^2} = 0{,}45 \frac{50^2}{150^2} = 0{,}05$ mm.

Der Kameraauszug muß um 0,05 mm länger werden.

8. Brillengläser

Brillengläser sind sammelnde oder zerstreuende Linsen. Mit ihnen wird Fehlsichtigkeit korrigiert, oder sie unterstützen alterssichtige Augen beim Nahsehen. Oft haben die Gläser eine torische Fläche, die in zwei Richtungen verschieden stark gekrümmt ist (Bild IV,39). Solche Gläser gleichen den Augenastigmatismus aus, der durch eine ungleichmäßig gekrümmte Hornhaut verursacht sein kann.

Brillengläser sind meniskenförmig durchgebogen (Bild IV,40), weil bei dieser Form des Glases der Astigmatismus schiefer Bündel gering ist. Durch ein solches Glas kann man deshalb auch bei schrägem Durchblick scharf sehen (siehe Abschnitt 13.1.3). Die Hohlseite des Glases ist dem Auge zugekehrt.

Die Stärke des Brillenglases wird in der Einheit „Dioptrie-Scheitelbrechwert" angegeben. Der Scheitelbrechwert ist der reziproke Wert der in Metern gemessenen fokalen Schnittweite (II,62).

$$\Phi \text{ (dpt)} = \frac{1 \text{ (m)}}{s'_{F'} \text{ (in m)}} = \frac{1000 \text{ (mm)}}{s'_{F'} \text{ (in mm)}} \qquad \text{(IV,34)}$$

dpt Zeichen für die Einheit Dioptrie; $s'_{F'}$ fokale Schnittweite, Φ Scheitelbrechwert.

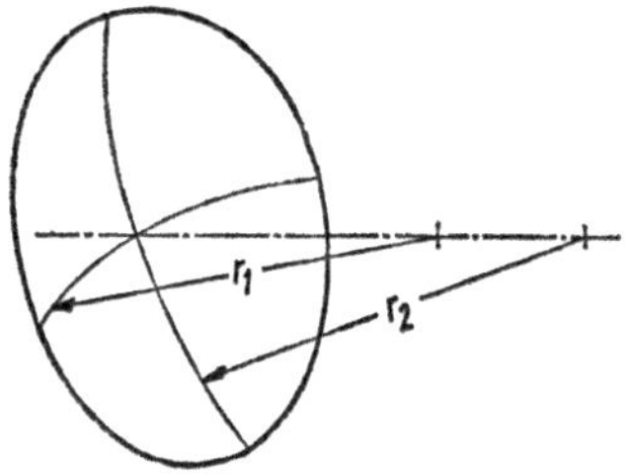

Bild IV,39
Torische Fläche
r_1, r_2 unterschiedlich große Krümmungsradien der Fläche

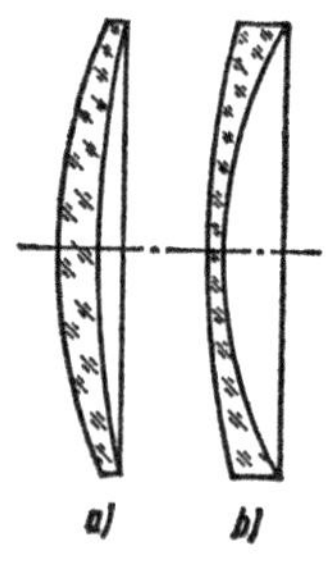

Bild IV,40
Brillengläser
a) mit positiver,
b) mit negativer
Brechkraft

Beispiel: Ein Brillenglas wurde mit den Gln. (II,39) und (II,41) durchgerechnet. Dabei wurde als erste Schnittweite $s_1 = \infty$ eingesetzt und als erste Linsenseite die erhabene Fläche genommen. Als letzte Schnittweite ergab die Rechnung $s_2' = s'_{F'} = 250$ mm.

Lösung: Damit ergibt sich nach (IV,34) der Scheitelbrechwert des Glases zu:

$$\Phi = \frac{1000 \text{ mm}}{250 \text{ mm}} = 4 \text{ dpt.}$$

Das Glas hat 4 dpt Scheitelbrechwert.

Der Scheitelbrechwert wird mit dem Scheitelbrechwertmesser bestimmt (Bild IV,41). In dem Gerät wird eine längs der Achse verschiebbare Leuchtmarke von einem Objektiv und dem eingelegten Brillenglas im unendlichen abgebildet, so daß sie mit dem darüber angebrachten Fernrohr scharf gesehen wird. Die zur Scharfstellung nötige Verschiebung der Leuchtmarke wird an einer Teiltrommel in Dioptrien-Scheitelbrechwert abgelesen.

Der Scheitelbrechwert kann auch aus den Maßen des Brillenglases nach (II,39), (II,42) und (IV,34) errechnet werden.

Beispiel: Ein Brillenglas hat die Maße:

Radius	r_1	$= + 35{,}3$ mm	Dicke	d'	$= 7{,}9$ mm
Radius	r_2	$= + 87{,}1$ mm	Brechzahl	n	$= 1{,}5225$

Wieviel Dioptrien Scheitelbrechwert hat das Glas?

Lösung: Mit (II,39) und (II,42), die in dem Rechenschema aus Abschnitt II,9 aufgegliedert sind, wird die Schnittweite $s'_{F'}$ errechnet. Die Rechnung kann mit dem Rechenschieber durchgeführt werden.

$s_1 = -\infty$	1. Fläche	2. Fläche
r	$+ 35{,}3$ mm	$+ 87{,}1$ mm
n	1,00	1,5225
n'	1,5225	1,00
d'	7,9	—
n/s	—	$+ 0{,}016$
$(n' - n)/r$	$+ 0{,}0148$	$- 0{,}006$
n'/s'	$+ 0{,}0148$	$+ 0{,}010$
$1/s'$	$+ 0{,}00972$	$+ 0{,}010$
s'	$+103{,}0$	$s'_{F'} =$
$- d'$	$- 7{,}9$	$+100{,}0$ mm
$s_{\varkappa+1}$	$+ 95{,}1$	

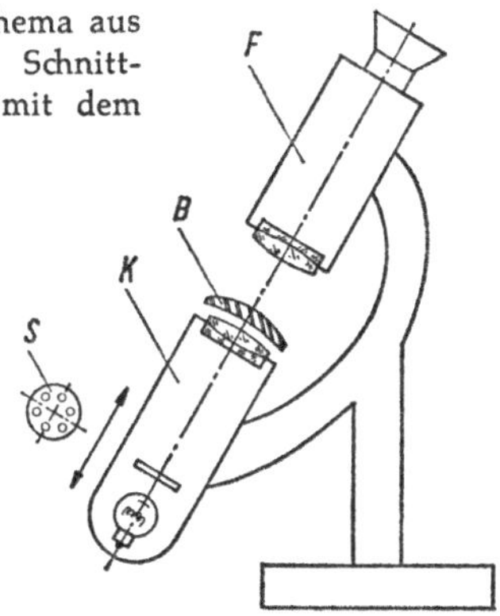

Bild IV,41. Scheitelbrechwertmesser
S Strichplatte
K Kollimator
B Brillenglas
F Fernrohr

Die errechnete Schnittweite von $s'_{F'} = 100{,}0$ mm ergibt mit (IV,34) den Scheitelbrechwert.

$$\Phi = \frac{1000 \text{ mm}}{s'_{F'}} = \frac{1000 \text{ mm}}{100 \text{ mm}} = \mathbf{10\ dpt.}$$

Ebenso wie aus den Flächenradien der Scheitelbrechwert des Brillenglases bestimmt werden kann, läßt sich für ein Glas bestimmter Stärke einer der Radien errechnen. Als Ausgangswerte für die Rechnung werden hierzu der Radius der anderen Fläche, die Mittendicke und die Brechzahl des Glases benötigt.

Brillengläser werden allgemein aus Brillenrohglas mit der Brechzahl $n = 1{,}5225$ hergestellt. Bei sammelnden Gläsern wird die Hohlseite und bei zerstreuenden die erhabene Seite mit dem Flächenradius $r = 87{,}1$ mm ausgeführt. Der Radius 87,1 mm wird deshalb als Grundkurve bezeichnet. Von dieser Form wird nur bei Gläsern über 12 dpt Scheitelbrechwert abgewichen, weil sie dann unförmig wirken.

Die Berechnung der Brillengläser ist einfach, wenn die Flächenbrechkraft Φ eingeführt wird.

$$\Phi = \frac{1000\,(n-1)}{r} \qquad \text{(IV,35)}$$

Φ Flächenbrechkraft in dpt; r Flächenradius in mm; n Brechzahl des Glases.

Für erhabene Flächen ist die Brechkraft positiv, für hohle negativ.

Beispiel: Es ist die Flächenbrechkraft für die hohle Grundkurve Radius $r = 87{,}1$ mm zu errechnen. Brechzahl des Glases ist $n = 1{,}5225$.

$$\Phi = \frac{1000\,(n-1)}{r} = \frac{1000 \cdot 0{,}5225}{87{,}1} = \mathbf{6\ dpt.}$$

Da die Fläche hohl ist, ist die Brechkraft negativ, also -6 dpt.

Da für das Brillenglas die eine Linsenseite durch die Grundkurve 6 dpt Flächenbrechkraft festgelegt ist und die Mittendicke des Glases angenommen wird, bleibt nur der Radius der erhabenen Fläche zu berechnen, der hier mit r_1 bezeichnet wird.

$$r_1 = \frac{1000\,(n-1)}{\Phi_{1,2} - \Phi_2} + \frac{n-1}{n} d = \frac{522{,}5}{\Phi_{1,2} - \Phi_2} + 0{,}343\, d \qquad \text{(IV,36)}$$

$\Phi_{1,2}$ Scheitelbrechwert des Brillenglases in dpt; Φ_2 Flächenbrechkraft der zweiten Fläche (Grundkurve) in dpt; r_1 Radius der erhabenen Fläche in mm; d Mittendicke des Brillenglases in mm; n Brechzahl des Glases.

Beispiel: Es soll der Radius der erhabenen Fläche eines Brillenglases mit dem Scheitelbrechwert $\Phi_{1,2} = +12$ dpt errechnet werden. Die Hohlseite des Glases hat die Grundkurve $\Phi_2 = -6$ dpt und die Mittendicke wird mit $d = 9$ mm angenommen. Die Brechzahl des Glases ist $n = 1{,}5225$.

Lösung: Die angenommenen Eingangswerte werden in (IV,36) eingesetzt und damit der Radius r_1 errechnet.

$$r_1 = \frac{522{,}5}{\Phi_{1,2} - \Phi_2} + 0{,}343\, d = \frac{522{,}5}{+12 - (-6)} + 0{,}343 \cdot 9 = \mathbf{32{,}1\ mm.}$$

Der Radius der erhabenen Fläche des Brillenglases ist 32,1 mm.

Zerstreuende Brillengläser, mit negativem Scheitelbrechwert, sind in der Mitte nur etwa 1 mm dick. Diese geringe Dicke hat auf den Scheitelbrechwert nur wenig Einfluß.

9. Kamerasucher

Die Sucher der Kameras werden als Fernrohrsysteme konstruiert. Der Bildausschnitt ist durch das Gesichtsfeld begrenzt, oder er wird durch einen, in das Gesichtsfeld eingespiegelten Rahmen angezeigt. Fernrohrsucher mit reeller Bildebene, bei denen der Bildrahmen auf einer Strichplatte markiert ist, kommen selten vor. Meist werden virtuell abbildende, verkleinernde Systeme, mit oder ohne Leuchtrahmen verwendet.

9.1. Der Newtonsucher

Der Newtonsucher ist ein umgekehrtes Holländisches Fernrohr und bildet deshalb verkleinernd ab (Bild IV,42). Mit nur zwei Linsen wird ein, durch Rechnung bestimmbares Gesichtsfeld abgegrenzt.

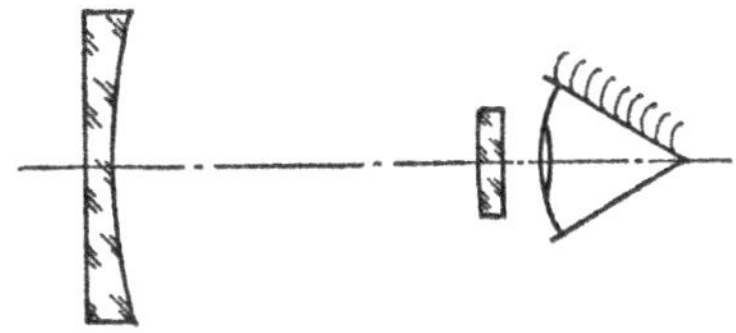

Bild IV,42. Newtonsucher

Er kann mit den bekannten Fernrohrgleichungen berechnet werden. Das Gesichtsfeld ist beim Newtonsucher jedoch nicht scharf begrenzt, weil der als Gesichtsfeldblende dienende Rand der Vorderlinse nur unscharf gesehen wird.

9.1.1. Angenommene Größen. Zur Berechnung des Suchers werden vier Größen benötigt, die sich aus den Maßen der zugehörenden Kamera ergeben.

a) Der Sucher zeigt ein Gesichtsfeld, das dem Bildwinkel der Kamera entspricht. Zur Bestimmung des Winkels werden die Brennweite des Kameraobjektivs und das Bildformat benötigt.

b) Die Gesamtlänge des Suchers ergibt sich aus der Form der Kamera.

c) Die Vergrößerung des Suchers sollte zwischen $\Gamma = 0{,}55$ und $0{,}85$ liegen. Starke Verkleinerungen bewirken störende Abbildungsfehler. Geringe Verkleinerungen erfordern große Vorderlinsen, die oft unerwünscht sind.

d) Der Abstand zwischen letzter Linsenfläche und dem Augenort geht in die Größe des gesehenen Gesichtsfeldes ein und muß berücksichtigt werden. Der Augenabstand kann etwa 6...10 mm betragen.

9.1.2. Berechnungsgrundlagen. Von der Länge des Suchers wird auf den Hauptpunktabstand der Linsen geschlossen. Da meist plan-hohle und plan-erhabene Linsen verwendet werden, ergibt sich der Abstand zu:

$$e = l - (d_1 + d_2) \qquad \text{(IV,37)}$$

e Hauptpunktabstand; l Gesamtlänge; d_1, d_2 Mittendicken der Linsen.

Aus den Fernrohrformeln (IV,9) und (IV,11) $\Gamma = f_1/f_2$ und $e = f_1 + f_2$ errechnen sich die Brennweiten der Linsen zu:

$$f_1 = \frac{\Gamma e}{\Gamma - 1} \qquad \text{(IV,38)} \qquad\qquad f_2 = e - f_1 \qquad \text{(IV,39)}$$

f_1 Brennweite der zerstreuenden Vorderlinse; f_2 Brennweite der sammelnden Hinterlinse; e Hauptpunktabstand; Γ Fernrohrvergrößerung.

Der Tangens des halben Kamerabildwinkels ist entsprechend (IV,22)

$$\tan \sigma = \frac{b}{2 f_K} \qquad \text{(IV,40)}$$

σ halber Kamerabildwinkel und gleichzeitig auch halber Bildwinkel des Suchers; b Bildformatbreite der Kamera, bei rechtwinkligem Format gibt es zwei Breiten b; f_K Brennweite des Kameraobjektivs.

Anmerkung: Hier wird der Bildwinkel auf die Formatbreite bezogen, allgemein bezieht sich der Bildwinkel auf die Diagonale des Formates.

Der Winkel 2σ soll auch vom Sucher aufgenommen werden. Dafür sind vor allem die Brennweite der Zerstreuungslinse, die Größe dieser rechteckig ausgeführten Linse, sowie der Linsenabstand wirksam. Dazu kommt noch der Abstand des Auges von der letzten Linse (Bild IV,43). Die sammelnde letzte Linse hat nur wenig Einfluß. Wenn diese Linse bei der Berechnung des Bildwinkels unberücksichtigt bleibt, wird deshalb nur ein geringer Fehler gemacht.

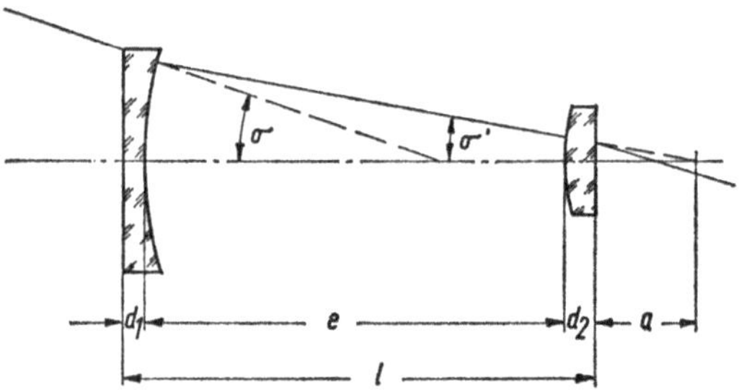

Bild IV,43
Strahlenverlauf und Bildwinkel

Nach Bild IV,43 und mit der Gleichung für Berechnung der Schnittweiten (II,56), wobei $s = (e + a)$ eingesetzt wird, ergibt sich der Tangens des Winkels zu:

$$\tan \sigma \approx h \frac{(e+a) - f_1}{(e+a) f_1} \qquad \text{(IV,41)}$$

Damit wird dann auch die halbe Kantenlänge der rechteckigen Zerstreuungslinse gefunden.

$$h \approx \tan \sigma \frac{(e+a) f_1}{(e+a) - f_1} \qquad \text{(IV,42)}$$

h halbe Kantenlänge der Linse 1; σ halber Bildwinkel der Kamera nach (IV,40); e Linsen- bzw. Hauptpunktabstand; a Augenabstand von der letzten Linse; f_1 Brennweite der ersten Sucherlinse.

Beispiel: Für eine Kamera ist ein Newtonsucher zu konstruieren. Dazu werden folgende Größen angenommen:

a) Das Bildformat ist quadratisch $b = 26$ mm. Die Objektivbrennweite ist $f_K = 38$ mm.

b) Die Gesamtlänge des Suchers ist $l = 32$ mm. Die Mittendicken der Linsen werden mit $d_1 = 2$ mm und $d_2 = 3$ mm angenommen.

c) Die Vergrößerung wird mit $\Gamma = 0{,}7$ gewählt.

d) Der Augenabstand von der letzten Linse soll $a = 8$ mm betragen.

Lösung: Mit den angenommenen Größen errechnet sich der Linsenabstand nach Gl. (VI,37) zu:

$$e = l - (d_1 + d_2) = 32 - (2 + 3) = 27 \text{ mm}.$$

Mit $e = 27$ mm errechnet sich die Brennweite der ersten Linse nach Gl. (IV,38) zu:

$$f_1 = \frac{\Gamma e}{\Gamma - 1} = \frac{0{,}7 \cdot 27}{0{,}7 - 1} = -63 \text{ mm}.$$

Die Brennweite der zweiten Linse wird nach Gl. (IV,39)

$$f_2 = e - f_1 = 27 - (-63) = +90 \text{ mm}.$$

Mit Gl. (IV,40) errechnet sich der halbe Bildwinkel der Kamera zu:

$$\tan \sigma = \frac{b}{2\, f_K} = \frac{26}{2 \cdot 38} = 0{,}342 .$$

Damit ist $\sigma = 18{,}9°$.

Mit den gefundenen Größen errechnet sich die halbe Seitenlänge der Zerstreuungslinse nach Gl. (IV,2).

$$h \approx \tan \frac{(e+a) \cdot f_1}{(e+a) - f_1} = 0{,}342 \frac{(27+8) \cdot (-63)}{(27+8)+63} = 7{,}7 \text{ mm}.$$

Weil das Format quadratisch ist, wird auch die Sucherlinse quadratisch. Sie hat die freie Öffnung $2\,h$, also 15,4 mm Seitenlänge. Die Hinterlinse kann beliebig groß sein. Es muß jedoch dafür gesorgt werden, daß man durch die Linsenmitte blickt.

Ausführung der Linsen. Die Linsen sollen plan-hohl und erhaben-plan, aus Kronglas mit $n = 1{,}523$ hergestellt werden. Weil jede Linse eine Planfläche hat, gilt die einfache Beziehung $r = f\,(n-1)$. Damit errechnen sich die Radien der Linsenflächen zu:

$$r_2 = f_1\,(n-1) = -63\,(1{,}523-1) = -32{,}95 \text{ mm (hohl)}$$

$$r_3 = f_2\,(n-1) = +90\,(1{,}523-1) = +47{,}07 \text{ mm (erhaben)}$$

Die erste und vierte Fläche sind plan und ihre Radien unendlich groß.

9.2. Leuchtrahmensucher

Der Leuchtrahmen wird meist in Newtonsuchern verwendet. Er wird als virtuelles Bild eingespiegelt. Vom betrachtenden Auge *soll er scharf* gesehen werden und eine klare Bildbegrenzung ergeben. Sein gespiegeltes Bild liegt am gleichen Ort, wo die erste Sucherlinse das betrachtete Objekt abbildet, also in deren Brennebene.

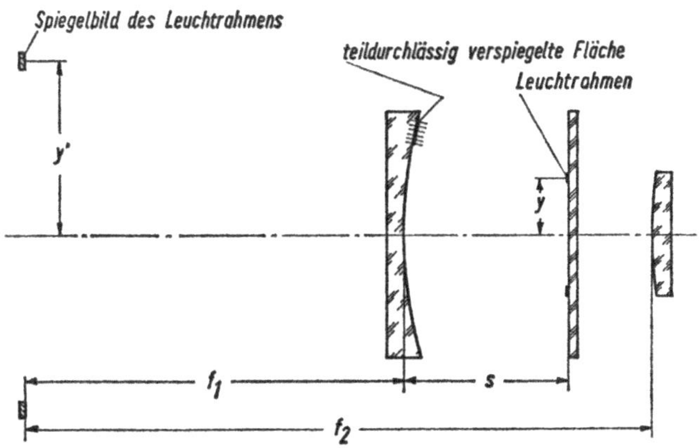

Bild IV,44. Leuchtrahmensucher

Die Hohlseite der ersten Sucherlinse wird teildurchlässig verspiegelt. Zwischen die beiden Sucherlinsen wird eine Glasscheibe eingefügt, die den Leuchtrahmen trägt, der sich in der hohlen Fläche spiegeln soll (Bild IV,44).

9.2.1. Berechnungsgrundlagen. Der Abstand des Leuchtrahmens von der spiegelnden Hohlfläche wird nach der Spiegelgleichung (II,13) errechnet, die hierzu nach der Schnittweite s aufgelöst wird.

$$s = \frac{s' r}{r + 2 s'}$$

Wie oben beschrieben, wird in Gl. (II,13) für r der Radius der spiegelnden Hohlfläche r_2 und für die Schnittweite s' die Brennweite der ersten Linse f_1 eingesetzt. Damit nimmt die Spiegelgleichung die Form (IV,43) an.

$$s = \frac{f_1 r_2}{r_2 + 2 f_1} \qquad \text{(IV,43)}$$

Bei plan-hohler Vorderlinse vereinfacht sich diese Beziehung noch wegen $f_1 = r_2/(n-1)$ zu:

$$s = \frac{r_2}{n+1} \qquad \text{(IV,44)}$$

s Abstand zwischen hohler Spiegelfläche und Leuchtrahmen.

Die Größe des auf die Glasscheibe aufgebrachten Leuchtrahmens ergibt sich aus der Überlegung, daß sein Spiegelbild, von der hinteren Sucherlinse aus, unter dem Winkel σ' gesehen werden soll. Aus Bild (IV,44) wird entnommen $\tan \sigma' = y'/f_2$. Nach der Fernrohrgleichung (IV,10) ist: $\tan \sigma' = \tan \sigma\, \Gamma$ und folglich $y' = f_2 \tan \sigma\, \Gamma$. Weiter sagt die allgemeine Vergrößerungsgleichung aus: $y'/y = s'/s$.

Das heißt die Bildgrößen verhalten sich wie die zugehörigen Schnittweiten. Dabei entspricht y der halben Seitenlänge des Leuchtrahmens auf der Glasscheibe, y' der halben Seitenlänge seines gespiegelten Bildes. s' ist die Brennweite f_1 der vorderen Sucherlinse und s der mit Gl. (IV,44) errechnete Abstand des Leuchtrahmens von der spiegelnden Fläche der Vorderlinse.

Aus den beiden letzten Beziehungen ergibt sich die Seitenlänge des Leuchtrahmens zu:

$$y = \tan \sigma\, s\, \frac{f_2}{f_1}\, \Gamma\,.$$

Wegen $\Gamma = f_1/f_2$ (IV,11) kürzt sich die Fernrohrvergrößerung aus und es bleibt die einfache Beziehung:

$$y = s \tan \sigma \qquad \text{(IV,45)}$$

y halbe Seitenlänge des auf die Glasscheibe aufgebrachten Leuchtrahmens;

s Abstand zwischen Leuchtrahmen und Spiegelfläche der Vorderlinse;

σ halber Bildwinkel der Kamera nach Gl. (IV,40).

Die entwickelten Gleichungen gelten nur für die hier betrachtete Sucherform. Sie sind auch nur für achsnahe Strahlen gültig. Durch die außerhalb der Achse auftretenden Linsenfehler sind Abweichungen zu erwarten, die Korrekturen an dem errechneten System erfordern. Es ist jedoch kaum möglich, ohne solche Vorrechnungsformeln die Optik für ein Gerät zu entwerfen.

Beispiel: Der im Beispiel auf Seite 79 berechnete Newtonsucher soll mit einem Leuchtrahmen ausgerüstet werden. Dazu wird die Hohlseite der ersten Linse teildurchlässig verspiegelt, und zwischen die beiden Linsen eine Glasscheibe mit aufgespiegeltem Leuchtrahmen eingefügt. Die quadratische Vorderlinse wird größer gemacht, auf etwa 18 mm Seitenlänge, damit der Leuchtrahmen frei im Gesichtsfeld gesehen wird und nicht nur am Rande aufliegt.

Lösung: Die Vorderlinse des Suchers ist plan-hohl und aus Glas mit der Brechzahl $n = 1{,}523$. Der Abstand zwischen spiegelnder Linsenfläche und Leuchtrahmen wird mit Gl. (IV,44) berechnet.

$$s = \frac{r_2}{n+1} = \frac{32{,}95\ \text{mm}}{1{,}523+1} = 13{,}06\ \text{mm}.$$

Die Höhe des Leuchtrahmens über der Achse errechnet sich nach Gl. (IV,45), wobei der eben ermittelte Wert s verwendet wird.

$$y = s \tan \sigma = 13{,}06\ \text{mm} \cdot 0{,}342 = 4{,}47\ \text{mm}.$$

Der Leuchtrahmen ist quadratisch, mit einer Seitenlänge $2\,y = 2 \cdot 4{,}47\ \text{mm} = 8{,}94\ \text{mm}$.

Bei der nachfolgenden Korrekturrechnung sollte dem Suchersystem, durch entsprechende Veränderung der Sammellinse, eine leicht negative Brechkraft gegeben werden. Das betrachtete ferne Objekt und das Bild des Leuchtrahmens werden dadurch in ein bis zwei Meter Entfernung gesehen werden. Mit dieser kleinen Änderung kann sowohl ein leicht Übersichtiger wie auch ein leicht Kurzsichtiger daß Sucherbild noch scharf sehen.

Literatur

M. Berek, Grundlagen der Praktischen Optik, Verlag Walter de Gruyter & Co. 1930.

H. Boegehold, Das optische System des Mikroskops, Verlag Technik, Berlin 1958.

J. Flügge, Leitfaden der geometrischen Optik und des Optikrechnens, Verlag Vandenhoeck & Ruprecht, Göttingen 1953.

J. Flügge, Praxis der geometrischen Optik, Vandenhoeck & Ruprecht, Göttingen 1962.

H. J. Gramatzki, Probleme der konstruktiven Optik, Akademie-Verlag, Berlin 1957.

H. Harting, Photographische Optik, Geest und Portig KG., Leipzig.

P. Hatschek, Optik für Praktiker, Verlag Wilhelm Knapp, Halle 1950.

K. Mütze, ABC der Optik, Verlag F. A. Brockhaus, Leipzig 1961.

H. Naumann, Optik für Konstrukteure, Verlag Wilhelm Knapp, Düsseldorf.

R. W. Pohl, Einführung in die Physik, Band Optik, Verlag Springer, Berlin.

J. Picht, Grundlagen der geometrisch optischen Abbildung, Deutscher Verlag der Wissenschaften, Berlin 1955.

R. Tiedeken, Lehrbuch für den Optikkonstrukteur, Fachbuchverlag, Leipzig 1956.

H. Schade, Arbeitsverfahren der Feinoptik, VDI-Verlag, Düsseldorf 1954.

Jahrbuch für Optik und Feinmechanik, Pegasus-Verlag, Wetzlar.

Sachwortverzeichnis

GPSR Compliance

The European Union's (EU) General Product Safety Regulation (GPSR) is a set of rules that requires consumer products to be safe and our obligations to ensure this.

If you have any concerns about our products, you can contact us on ProductSafety@springernature.com

In case Publisher is established outside the EU, the EU authorized representative is:

Springer Nature Customer Service Center GmbH
Europaplatz 3
69115 Heidelberg, Germany

Batch number: 10577919

Printed by Printforce, the Netherlands